AF337307

ESSAIS

SUR

L'ÉQUITATION.

Posture à Cheval, Dessinée d'après nature; où le Cavalier est vu aux trois quarts, et à quatre pieds au-dessous de la Ligne Horisontale.

Moreau Junior del.

Ingouf Junior Sc.

ESSAIS

SUR

L'ÉQUITATION,

OU

PRINCIPES RAISONNÉS SUR L'ART DE MONTER ET DE DRESSER LES CHEVAUX.

Par M. MOTTIN DE LA BALME, Capitaine de Cavalerie, & Officier Major de la Gendarmerie de France.

Hinc bellator equus campo sese arduus infert.

Virg. Georg. L. 2.

A AMSTERDAM,

& se trouve à PARIS,

Chez { JOMBERT, Fils aîné, Lib. rue Dauphine,
{ RUAULT, Libraire, rue de la Harpe.

M. DCC. LXXIII.

A SON ALTESSE SÉRÉNISSIME

MONSEIGNEUR

LE PRINCE

DE CONDÉ,

PRINCE DU SANG.

Monseigneur,

Guidé par l'amour du bien, soutenu par l'espoir de mériter votre indulgence, j'ai travaillé à ces faibles Essais. Ils ont pour but la conservation d'un animal précieux,

a 3

& les progrès d'un Art utile à la Cavalerie, ce Corps, dont vos illustres Aïeux, & vous-même, MONSEIGNEUR, avez su tirer un si grand avantage à la guerre. Sans doute que le Public voudra bien les recevoir favorablement, puisque VOTRE ALTESSE permet qu'ils paraissent sous ses auspices.

En accordant l'honneur de votre protection aux Militaires qui cherchent à se distinguer, VOTRE ALTESSE SERÉNISSIME ajoûte à sa gloire ; Elle les encourage par son accueil, après les avoir excités par son exemple. Aussi quel pouvoir ne s'est-elle pas acquis sur eux ! Quel Guerrier n'est pas attendri & transporté en se rappellant le nom de CONDÉ !

Dans deux circonſtances , du nombre de celles où les hommes ſe montrent ce qu'ils ſont , j'ai vu les vœux des Soldats ſe réunir pour VOTRE ALTESSE. *Animés par ſa préſence , la joie & l'audace brillaient également ſur leurs fronts ; fiers d'obéir à vos ordres , ils brûlaient d'en venir aux mains , lorſque l'enne-mi , ſupérieur en nombre , intimidé par vos ſavantes diſpoſitions , leur en déroba l'occaſion par ſa fuite* (1).

Cette ardeur exiſte encore , MONSEIGNEUR : *je la par-tage avec la Nation ; peut-être une impérieuſe néceſſité viendra-t-elle un jour interrompre le repos dont nous jouiſſons , & raſſembler nos*

---

(1) À Greningen , & à Johannesberg.

a 4

troupes *sous les ordres de VOTRE ALTESSE.*

Alors les Français, ces hommes sensibles, actifs, audacieux, magnanimes, dont VOTRE ALTESSE s'est attiré la confiance, pourront convaincre leurs ennemis qu'ils sont capables des plus grandes choses, conduits par le génie d'un Prince qui joint aux qualités aimables qui lui gagnent tous les cœurs, les rares vertus qui font les Héros.

Je suis, avec le plus profond respect,

MONSEIGNEUR,

DE *Votre Altesse Sérénissime,*

Le très-humble & très-obéissant serviteur, MOTTIN DE LA BALME.

DISCOURS

PRÉLIMINAIRE,

OU

INTRODUCTION.

Rien ne prouve autant notre ignorance & l'obfcurité de nos idées fur un Art ou une Science, que la diverfité des opinions. L'Équitation, dans un fiècle où prefque toutes nos connáiffances ont éprouvé une révolution confidérable, eft reftée dans le cahos; faute par ceux qui en ont traité, d'avoir établi leurs préceptes fur une bafe folide, fufceptible de démonftrations, qui feules en auraient accéléré les progrès.

a 5

L'Art ou Science du manège, confidéré fous l'une ou l'autre de ces deux dénominations, doit néceffairement, pour fe perfectionner, admettre des principes intelligibles & développés d'une manière fenfible. Comme rien de ce qui eft élémentaire ne doit être vague ou indéterminé, il faut que des notions fimples & précifes foient préfentées à l'efprit de ceux qui veulent exercer à cheval; il faut que, d'après ces notions on puiffe, en quelque forte, fe frayer une route fûre pour avancer vers la perfection dans tous les temps & tous les Pays, & qu'on s'en ferve toujours comme de régulateur appliquable aux différentes opinions, & au moyen duquel on déterminera ce que chacune a de véritable ou de faux.

Ces principes, une fois reconnus & adoptés, deviendront un point de réunion : ils porteront la plus grande clarté ſur cet objet d'inſtruction, comme cela eſt arrivé dans tous les Arts & toutes les Sciences ; car on ne ſaurait diſconvenir que ce ne ſoit au moyen des principes, que les hommes laborieux ſe font élevés & s'élèveront aux plus hautes connaiſſances. Il importe donc qu'ils approchent le plus qu'il eſt poſſible du certain, ou, ce qui eſt la même choſe, des vérités reconnues par les grands maîtres ; &, pour concourir à une plus prompte inſtruction, qu'ils ſoient dégagés d'une foule de raisonnements auffi inutiles que rebutants (1).

Combien, au contraire, les Ouvrages qui ont paru jufqu'ici, ne font-ils pas confus, fyftématiques & dangereux, par les fauffes applications qu'on peut en faire !

D'abord, à défaut de fcience ou de fimples connaiffances, on fubftitua le merveilleux & les idées vagues dépourvues dans bien des cas, je ne dis pas de preuves, mais de fens, à des principes pal-

---

(1) Les Maîtres & les Auteurs chargent beaucoup trop ce qu'ils veulent communiquer ; l'Auteur veut tout dire, le Maître veut rendre toutes les idées qu'il a fur un fujet, comme s'ils ignoraient que tout eft lié à tout, & que c'eft facrifier le véritable intérêt au plaifir licencieux & abufif de fe faire valoir, que d'agir ainfi.

pables qu'il fallait uniquement pui-
fer dans la nature, guide invaria-
ble & infaillible, qui devrait nous
conduire à chaque pas. Puis fans
s'étayer d'aucune bafe, on multi-
plia, ou, pour mieux dire, on en-
fouit dans de longs & ennuyeux
Traités, les faibles notions qu'on
avait fur l'Art de dreffer, affouplir
& foumettre les chevaux ; Art
ébauché par *Giovan Battifta Pignatelli*, Napolitain , & apporté
en France, par Meffieurs de la
Broue & Pluvinel. On ne s'en
tint pas là, il fallut s'égarer par
différentes routes fouvent diamétralement oppofées. Chacun, à fa
façon errant diverfement, adopta
une manière particulière de placer
un Cavalier à cheval, & de con-

duire l'animal qu'on voulait foumettre ou dreffer, par des moyens
prefque toujours violents à l'excès,
plus propres à faire défendre & à
ruiner de braves chevaux qu'à les
inftruire (1).

---

(1) Croira-t-on jamais que Jean Taquet ait
foutenu & fortement recommandé, d'arracher
quatre groffes dents au cheval, près des crochets, afin qu'il fût plus facile de placer le mords
dans la bouche de cette victime de l'ignorance
outrée de ces temps barbares. Que l'on juge de
l'énormité du mords dont on fe fervait. Croira-
t-on encore que M. Salomon de la Broue, &
d'autres après lui, aient donné, pour moyen infaillible, de faire une charge avec un nerf de
bœuf, « communément du haut de la tête en bas
» fur le vifage, (ce font fes expreffions,) pour
» un cheval qui forçait la main, ou qui avait la
» bouche égarée ; de le pouffer à toutes jambes
» contre un mur, une porte, ou contre une corde
» tendue à travers d'une allée d'arbres ; d'attacher

Pour se convaincre de ce que je viens d'avancer, on n'a qu'à examiner les différents principes qui sont encore suivis scrupuleusement par ceux qui donnent leçon dans plusieurs Ecoles, & dont je vais donner une idée.

On soutient, dans quelques-unes, que, pour avoir les cuisses tournées sur leur plat, il faut placer l'Elève sur le périnée, ou, si l'on m'entend mieux, sur la four-

---

» les parties nobles de l'animal furieux avec un » cordon de soie ou de laine, ensuite tirer le dit » cordon ». Traitement propre à désespérer & à rendre ramingue le cheval le plus froid & le plus docile. « De faire creuser une fosse de deux pieds » en rond dans le manége, pour lui faire exécu- » ter les voltes avec précision ». Après lui, **M.** de Brundeville conseilloit de châtier les chevaux à la tête avec un bâton, sur la moindre faute, &c.

chure, conféquemment les feffes
en l'air. Dans la plus grande partie des autres, avec raifon on fait
affeoir. Plufieurs Écuyers exigent
que l'on tende & roidiffe les jambes ; pendant que d'autres recom-
mandent fagement de fe relâcher
des cuiffes, & de laiffer tomber
les jambes fans force. L'un veut
que ce foit la rêne de dedans,
qui dreffe & conduife l'animal que
l'on exerce ; l'autre foutient que
c'eft celle de dehors qui en a feule
le pouvoir. Dans un manége on
exigera de mener les chevaux avec
les deux jambes ; dans un autre,
avec une feulement, & pour tous
les cas, excepté dans la correction,
que l'on donne *en pinçant des
deux.* Ici l'on fera beaucoup exer-

cer fur les cercles, là on exige que ce foit fur des lignes droites : dans plufieurs endroits on mettra une bride, un filet ou petit bridon dans la bouche, & un caveffon fur le nez de l'animal que l'on veut dreffer ; au-lieu que dans les bonnes Ecoles, en place de toutes ces entraves, on *débourre* les chevaux avec le bridon fimple, ayant deux rênes feulement pour la sûreté de celui qui les éduque. Les uns prétendent que ce font les épaules du cheval qui exerce fur un cercle, *la tête dedans*, *la croupe dehors*, qui s'affoupliffent ; & les autres que ce font les hanches. Prefque tous s'accordent pour faire arrondir les poignets, tandis qu'il y a nombre de raifons à donner pour prouver la fauſſeté de ce principe, qui fatigue, roidit & ôte la grace à l'Elève que l'on contraint ainſi, &c.

Malgré ces contradictions pour la poſture à cheval, il faut néanmoins convenir que les Ecuyers ſe réuniſſent tous pour dire, que c'eſt le contrepoids du corps du Cavalier, plus ou moins bien obſervé, qui fait plus ou moins bien aller les chevaux ; que cet animal ſe défend, qu'il a des vices de caractère qu'il faut corriger : mais ils ne diſent point comment il faut s'y prendre. Ils font un long narré de toutes les gentilleſſes des chevaux, des airs brillants & des diverſes figures qu'ils leur font tracer ſur le ſol ; mais ils gardent

encore le silence le plus scrupu-
leux sur les moyens qu'ils ont employés pour amener à ce degré
d'inftructions , l'animal dont ils
parlent. Cependant il y a une
puiffance qui enlève , raffemble
ou chaffe , tourne à droite ou à
gauche cette charmante & agréable machine, qui femble agir d'elle-
même. C'eft , répondent-ils , quand
on leur fait des queftions à ce fujet,
une chofe de fentiment qu'on ne
peut pas rendre. Dans ce cas , on
eft en droit de leur dire : n'écrivez
point ; car il eft indifpenfable pour
inftruire des Elèves qui paffent
leur temps à vous lire, de leur
faire fentir, comme l'on dit , au
doigt & à l'œil , les principes qui
doivent les guider & accélérer

leur inftruction, fi vous avez l'intention d'étendre les bornes de leurs connaiffances.

Enfin, il faudrait faire un Volume, pour décrire la diverfité des opinions que chacun foutient; qu'il prétend être la meilleure ou l'unique à fuivre, fans trop fe mettre en peine fi cela eft bien prouvé (1).

---

(1) Nous fommes fi pénétrés de nos propres idées, qu'on ne doit pas trouver étonnant, quand on n'eft point étayé de bons principes, que certains raifonnements fur lefquels nous comptons beaucoup, ne foient qu'un tiffu de fubtiles & ingénieufes erreurs. L'amour-propre eft fi adroit à nous cacher, fous fon voile, la fauffeté de nos penfées, en nous faifant concevoir la plus haute idée de nos lumières, qu'il eft très-poffible que l'on donne, de bonne foi, pour certain, ce qui n'eft pas même vraifemblable.

A l'égard de ceux qui difent que l'Équitation eft une chofe de fentiment que l'on ne peut rendre ; je trouve qu'en parlant ainfi, ils avouent ingénuement qu'ils n'ont point affez raifonné & approfondi ce qu'ils ont pratiqué, pour appercevoir les véritables rapports qu'ont entr'eux les mouvements & la caufe qui produit tels ou tels effets ; parce qu'ils fe font égarés dans des idées métaphyfiques, pour expliquer des effets purement phyfiques , & à la portée des Elèves , comme je vais le faire.

On ne peut difconvenir que l'unique bafe de la fcience du manége confifte à donner aux Élèves un parfait à-plomb , & une

très-grande foupleſſe dans toutes
les parties du corps, de manière
qu'un Cavalier puiſſe à ſon gré
s'unir au mouvement du cheval
& reſter ferme ſur la ſelle, malgré les vigoureux *contretemps* que
donnent certains chevaux, ſoit
par gaieté, en bondiſſant ſur le
ſol ; ſoit par défenſe, quand le Cavalier exige quelque choſe d'eux,
qu'ils ne ſavent, ne veulent ou
ne peuvent point exécuter. C'eſt
ce qu'on appelle, en terme de
manége, *tenir le fond de la ſelle.*
On ne peut acquérir cet avantage
qu'en ſe *molliſſant*, & en trottant
long-temps par degrés, de plus en
plus vigoureuſement, proportionnément à ſa tenue, beaucoup de
chevaux, gros, grands, petits, ſa-

ges ou vicieux, unis ou non, soit
en cercle, soit dans le droit. Une
chose très-essentielle à observer
& qu'on ne doit jamais perdre de
vue, est de placer & tenir toujours les Élèves qui veulent exercer, dans la position la plus convenable à chacun d'eux, selon
leurs diverses conformations &
leurs dispositions, comme il est dit
ci-après.

Pour parvenir à donner une
idée juste & raisonnée de la bonne
position, il faut expliquer suivant
les principes connus de la Méchanique & de l'Anatomie, l'ordre &
l'arrangement symmétrique que
doivent avoir toutes les parties du
corps, selon leurs différentes proportions & leur mouvement rela-

tif pour approcher, le plus qu'il se peut faire, de l'enfemble qui confti- tue ce que nous nommons la belle pofture à cheval (1). Les mouve- ments dont je parle, feront no- bles, aifés & gracieux, lorfque le Cavalier fera bien uni au cheval, qu'il difpofera & fera agir avec facilité & d'une action fuivie, les parties de fon corps, qu'il veut mouvoir.

---

(1) Je ferai indifpenfablement obligé de me fervir de quelques termes anatomiques pour dé- montrer la pofture à cheval, qui ne feront pas entendus de tous mes Lecteurs ; mais, en s'adref- fant à un Chirurgien qui connaît la nomencla- ture de l'Art qu'il exerce, on fera bientôt inftruit de ce qu'il eft néceffaire de favoir pour me com- prendre. On trouvera, néanmoins, à la fin de mes Effais, l'indication des parties du corps humain les plus relatives à l'Equitation.

Ce

Ce ne fera donc qu'après avoir donné à un Élève une affiette ferme, aifée, conftante, comme je l'ai dit, & telle qu'il femble être identifié avec le corps du cheval, que l'on pourra lui défigner & lui rendre fenfibles l'effet que produifent fes mouvements fur l'animal qui exerce; l'inftant, les degrés & l'efficacité de ces mouvements faits à contretemps & leur danger; ce qui prouve les difpofitions du cheval, fa docilité, ou fa colère, fa bonne ou mauvaife volonté, relativement à fes habitudes, fes forces, fon adreffe ou fa legèreté, fa mémoire, fa foupleffe, fa bonne ou mauvaife conformation.

Un Cavalier qui aura l'acquis dont je viens de donner un précis, & qui ne s'écartera point des principes que j'adopte, fera très en état d'exercer & d'affouplir un cheval, en fuivant bien ftrictement les véritables principes ou moyens qu'il faut employer pour dreffer les chevaux; dont je vais auffi donner une explication fuccinte.

Il eft reconnu, & l'on doit admettre comme une vérité inconteftable, que c'eft en donnant une certaine attitude au cheval dans tel ou tel air, qu'on parvient à le rendre brillant, léger, fouple, adroit, gracieux dans fes mouvements & commode au Cavalier, suivant les différents usages auxquels il desire employer cet utile & charmant animal (1).

Cette attitude consiste à placer la tête, plier l'encolure, tenir le corps droit & parfaitement d'à-plomb sur les jambes : trois choses sont essentielles à observer pour que le cheval qui exerce puisse s'assouplir, devenir droit & d'à-plomb. 1°. Il faut entretenir sans cesse & sans contrainte la position

---

(1) Ce serait parler le langage de beaucoup d'Auteurs qui ont traité de l'Equitation, que de dire simplement une certaine attitude. On voit, par ce qui suit, que j'explique ce que c'est qu'attitude ; j'en userai toujours ainsi dans tout ce que je dirai, qui pourrait n'être point entendu ; car mon intention est de rendre palpable le petit nombre de vérités que je crois mettre au jour.

ou l'attitude, dont je viens de parler, dans tous les airs. 2°. Faire agir les parties qui doivent s'assouplir, d'un mouvement égal & suivi plus ou moins actif, plus ou moins élevé, soit en cheminant sur des cercles, ou sur le *droit*, obliquement ou diagonalement, en avant ou en arrière, à gauche ou à droite, sans employer des forces, des accoups, ni aucune espèce de surprise. 3°. Proportionner la leçon que l'on donne à la force, au courage, à la sensibilité, à l'ardeur, à la mémoire, à la souplesse, à la légèreté, à la franchise ou habitude, enfin aux dispositions de l'animal qu'on veut dresser, assouplir & soumettre aux moindres volontés du Cavalier.

On doit entendre par un cheval bien dreſſé, celui qui reſte long-temps placé dans la belle attitude, dans tous les airs & toutes les figures qu'il décrit ſur le ſol, ſans le ſecours des aides du Cavalier qui le monte; qui plie ſes membres d'un mouvement réglé, gracieux, actif, & conſerve le plus grand à-plomb ſur les deux, ou ſur l'une ou l'autre de ſes hanches. On comprend aiſément que, pour mettre à ce degré de ſoupleſſe, d'union ou de perfection un cheval, il faut donner un grand jeu aux parties qui compoſent ſa machine, & que le Cavalier, que je ſuppoſe ſentir bien exactement tous les mouvements de l'animal, les ait long-temps réglés, & par

b 3

degrés ait communiqué ſon à-
plomb au cheval qu'il fait exercer. De-là la facilité de le tenir
droit, raſſemblé, de lui enlever
le devant, de le tourner promptement à droite & à gauche, ſans
que l'on apperçoive les mouvements de l'Ecuyer, qui font exécuter avec la plus grande préciſion
toutes les figures quelconques à
l'animal attentif qui les connaît &
obéit, en conſéquence des leçons
qu'il a reçues (1).

---

(1) La maſſe la plus lourde devient légère par
l'effet de l'équilibre. Le louvre d'à-plomb ſur un
pivot dont la baſe ſerait aiguë, tournerait en employant une petite force. On pourrait conclure,
partant de ce principe, qu'un homme qui conſerve & communique ſon à-plomb au cheval dans
toutes ſes motions lentes ou rapides, lui aide,
loin de l'embarraſſer par ſon poids.

Ce font les châtiments, ou la récompenfe, (qui n'eft le plus fouvent qu'une ceffation de douleur,) donnés à propos immédiatement après l'action du cheval, qui réfifte ou obéit à des fignes ou mouvements du Cavalier, qui l'éduquent. Le grand art ou la fcience de l'Ecuyer confifte à mettre, felon les circonftances, les degrés convenables dans les aides connues dans les manéges, fous la dénomination de temps de la main, de mouvement des jambes, & de preffion ou de chaffe avec le corps; à juger de la bonne volonté de l'animal, de fa force, de fa mémoire, de fes difpofitions, comme je l'ai dit plus haut.

Pour mettre tous ces à-propos

& tous ces degrés suivant les circonſtances, quand on le deſire, il
faut indiſpenſablement avoir une
bonne aſſiette , pour ſentir ſon
cheval. Donc l'aſſiette ou la poſture aiſée, ferme, liante, gracieu-
ſe, eſt la baſe de l'art de dreſſer,
aſſouplir, ſoumettre, rendre célères, ſages & utiles les chevaux les
plus dangereux : donc il faut aſſouplir & donner le plus grand
à-plomb aux Élèves, pour qu'ils
acquièrent l'aſſurance, l'adreſſe &
la fermeté à cheval, avant que de
leur confier des chevaux ſenſibles,
quoique dreſſés, & encore moins
ceux qui ne le ſont pas ; ce qui
ne ſe pratique point dans la plus
grande partie des Écoles où l'on
abuſe de la crédulité des jeunes

gens , de manière que fur deux mille qui vont s'exercer , il n'y en aura qu'un qui deviendra homme de cheval (1) : donc une foule d'a-gréables & de gens à prétention , qui n'ont que très-peu d'affiette , ne peuvent que défefpérer , ren-dre mal - adroits , ruiner & faire défendre les chevaux les plus do-ciles , en demandant des chofes que , phyfiquement , ils n'ont pas

---

(1) Dans certains manéges , après trois ou quatre mois d'exercice , on donne des lances des épées pour courir les têtes; on fait courir des chevaux qui paffagent , &c. pour faire croire aux Eléves qu'ils font habiles ; ce qui prouve que le charlatanifme s'eft gliffé par-tout; car dans les bonnes Ecoles de Cavalerie , il n'y a que ceux qui font de la première force qui exercent ainfi. On peut donc regarder les premiers comme de mauvais finges ou pantalons de l'équitation.

le pouvoir de faire exécuter, fans employer la force & la violence dans leurs leçons, foit à piaffer, à paffager, à faire des voltes, des courbettes, ou pirouettes, &c.

Après ce que je viens de dire fur la diverfité des opinions & des principes que l'on trouve dans les Ouvrages qui traitent de l'Équitation, qui ont jetté les Élèves ou Amateurs dans le doute & la perplexité, qui menent toujours à une exécution fauffe, pénible, dangereufe pour le Cavalier, autant que pernicieufe pour les chevaux, il m'a paru indifpenfable d'expliquer méthodiquement la pofture du Cavalier à cheval, comme je l'ai fait, & d'inférer dans ce petit Traité l'Analyfe de quelques-uns des Livres anciens & modernes qui ont de la réputation, dont les principes diffèrent des miens. Je prie les perſonnes qui voudront bien prendre la peine de lire ce que j'ai écrit à ce ſujet, de croire que c'eſt uniquement dans les vues d'augmenter le petit nombre de vérités que nous avons ſur l'Equitation, qu'une pratique raiſonnée, longue & aſſidue, m'a mis à même d'appercevoir ; & nullement pour diminuer la gloire & la réputation des Auteurs dont je parle, auxquels on doit tenir compte de la peine qu'ils ont priſe & de la bonne intention qui les a portés à courir la pénible carrière d'Écrivains, qu'un zèle patriotique m'a engagé, comme eux, à ſuivre.

Si je fuis affez heureux pour avoir apporté quelque clarté fur la manière de placer un Cavalier ou dreffer un cheval, & pour que cet Effai eût quelque fuccès, je donnerai un autre Volume, fervant de fuite à celui-ci, fur les airs relevés, la leçon des piliers, & les voltes dont je ne dirai rien ici, avec un petit Traité fur la manière de médicamenter les chevaux dans les maladies les plus ordinaires auxquelles ils font fujets, tiré des bons Ouvrages fur l'Hippiatrique. J'y joindrai la defcription d'une machine très-fimple, que j'ai imaginée, dont l'effet eft femblable à celui qu'occafionne un fauteur dans les piliers, que l'on pourra placer dans un appartement, si l'on veut ; pour la commodité des personnes qui voudraient en user dans la vue d'exercer & assouplir leur corps. Je me bornerai à la fin de ce premier Volume à donner les raisons qui peuvent prouver l'inutilité d'une quantité de selles & de mords de toute espèce , dont on se sert encore dans bien des endroits. J'expliquerai comment il faut choisir & dresser un cheval au feu & au montoir pour les convalescents , qui cherchent à recouvrer leurs forces, pour les personnes âgées & les femmes qui desirent aussi de s'exercer , tant pour raison de santé que pour l'agrément ; la manière générale de soigner les chevaux , foit à l'écurie ou en voyage , pour la confervation d'un être fi précieux.

Je tâcherai, autant qu'il fera en mon pouvoir, de fauver l'ennui au Lecteur intelligent, qui faifit rapidement & étend fouvent les penfées de l'Auteur , en fuppri-mant les détails fatiguants où j'au-rais pu tomber, fi j'avais cherché à traiter plus favamment un fujet auffi étendu que l'Équitation.

Comme Militaire , je dirai dans quelques notes , pour ce qui a rap-port à mon état , comment l'Équi-tation peut conferver , rendre cé-lère & terrible à l'ennemi la Ca-valerie dans fes motions lentes ou rapides ; & le mauvais effet

que peut occaſionner une inſtruction mal entendue (1).

---

(1) Tout Partiſan que je ſuis de l'Équitation,
tout perſuadé que je ſuis encore de l'avantage
que l'on pourrait tirer de ſes principes, appliqués à l'inſtruction de la Cavalerie, je n'ai pas
moins vu, avec beaucoup de peine, l'enthouſiaſme
qui nous a portés depuis la dernière paix avec ſi
peu de modération à eſtrapaſſer les chevaux, & à
excéder les Cavaliers par un travail continuel pendant la journée, & ſouvent même aux flambeaux
dans les manèges qui ont été édifiés à cet effet.

Les vues du Miniſtère étaient bonnes; occuper les troupes, les exercer, faire des réglements
pour mettre de l'uniformité dans la pratique des
différents exercices, ſont des choſes très-utiles &
indiſpenſables; mais la majeure partie des perſonnes chargées des ſoins qu'exigent ces vues, ont
abuſé de la confiance qu'on a eue en eux, ſoit par
un zèle mal entendu, ſoit par ignorance ou par
l'effet, toujours actif, de l'intérêt perſonnel, qui
aveugle ſur ce qui en peut réſulter pour le mal
ou le bien général.

Premiérement, il n'y a point eu d'uniformité

Enfin , j'apporterai tous mes foins pour que les remarques que

---

dans l'inftruction : ici on faifait jetter l'affiette en dehors ; là on exigeait que ce fût en-dedans ; ailleurs qu'on la laiffât droite ; loin de fimplifier le travail , on a, au contraire , beaucoup cherché & innové , errant long-temps, comme on a toujours fait en Équitation , fans fe fixer à un objet.

Des Officiers choifis , ainfi que des Maréchaux des Logis & des Cavaliers, ayant paffé environ deux ans aux Écoles, font partis avec des prétentions pour inftruire leur Régiment. Pleins de zèle & de confiance en leurs lumières , ils ont donné la même leçon aux vieux chevaux que l'on donnait aux jeunes ; les Cavaliers, chez qui les vieilles habitudes & l'âge ont rendu l'art inutile , ont été obligés de prendre la pofture à cheval que l'on pouvait feulement faire prendre aux jeunes Cavaliers qui en étaient fufceptibles ; avec les mêmes moyens ils ont cru forcer la nature , & affouplir également les corps, fans diftinction d'âge, d'aptitude, & vaincre enfin les obftacles puiffants qu'elle oppofe par fes immuables loix.

Avant d'expofer aux yeux du Lecteur les

j'ai eu occasion de faire, dans les exercices de la Cavalerie, que j'ai

---

excès où l'on s'eſt laiſſé conduire d'une erreur à l'autre, il faut convenir, pour la juſtification de ceux qui ont été employés à inſtruire la Cavalerie, que rien n'eſt ſi facile que de s'abuſer ſur ſes connaiſſances, lorſqu'on ignore les vrais principes qui conviennent à ce Corps, ſur leſquels on doit s'étayer pour cette inſtruction.

On croit tout voir & tout ſavoir quand on ne ſait rien & ne voit rien, ou très-peu de choſe. A-t-on quelques légères notions ſur un objet, on part de-là pour ſe perſuader qu'on ne doute de rien ? Voilà pourquoi on eſt ſi flatté dans ce cas de faire paſſager, raſſembler ou piaffer les chevaux, ſans s'inquietter s'ils ſont droits & d'à-plomb, s'ils ſont aſſouplis, s'ils ſont aſſis, ou, ce qui eſt bien différent, ſeulement pliés ſur les jarrêts.

Auſſi on n'a fait aucune difficulté d'exercer les chevaux la demi-épaule en-dedans, enſuite les hanches en-dehors ſur les cercles, puis à fuir les talons, la tête & la croupe au mur, à changer de main ou à prendre des demi-voltes de deux piſtes,

tâché d'approfondir , autant par goût que par état , foient utiles.

à galoper en cercle & dans le droit, de tel ou tel pied ; rien ne paraiffait impoffible , on a entrepris toute efpèce de difficulté avec la plus grande fécurité fur ce qui pouvait en réfulter.

Cependant les Cavaliers ne fentaient prefque rien de tout ce qu'un homme de cheval doit fentir pour plier , placer , mettre droit & d'à-plomb ; affouplir & rendre agréable l'animal qu'il éduque. Loin de concourir , par l'à-plomb & les à-propos des aides , aux mouvements plus ou moins réglés des chevaux fur le droit ou circulairement , ils n'ont pu avoir recours pour cela qu'à la force , à la violence & aux châtiments les plus rigoureux. Afin d'accélerer l'inftruction que l'on avait pour objet, on a eu recours , par un effort de l'imagination , à des moyens , à mon avis , bien extraordinaires. Ils confiftaient à enfiler , fi je puis me fervir de cette expreffion , un certain nombre de chevaux à une groffe longe , arrêtée à un poteau , autour duquel les malheureux chevaux faifaient des circonvolutions ; à mettre les Cavaliers à la torture avec des courroies qui ti-

Si mes vues sont mal remplies, je
n'aurai pas moins payé le tribut

---

raient fortement les épaules en arrière, ainsi que
le cou & la tête, pour leur faire ouvrir la poitrine en les martyrisant ainsi par des efforts douloureux, en leur faisant arrondir les poignets,
en exigeant qu'ils allongeassent beaucoup les
cuisses pour les faire paraître plus grands à cheval, en leur faisant jetter l'assiette à droite & à
gauche pour les assouplir & leur donner plus
promptement de l'à-plomb, &c. Il n'est pas nécessaire de faire ici de longs raisonnements pour
donner des certitudes sur l'invalidité de ces merveilleux principes, inventés, sans doute, par un
de ces cerveaux creux, dont les connaissances anatomiques n'étaient que le résultat de quelques
notions vagues & incertaines. En mettant les tê-
tières des cavessons qui étaient liés de distance
en distance à la longe, à quinze ou vingt chevaux
pour les faire exercer à la fois circulairement,
pour leur donner de la précision & les assouplir,
on a fait revivre les préceptes de M. de la Broue,
qui faisait creuser des fossés dans les manéges pour
exécuter les voltes avec justesse, & ceux du Duc

que chaque membre de la société
lui doit, en employant pour son

---

de Newcastle, qui, pour assouplir l'encolure, attachait la longe du caveſſon à l'arçon de la ſelle, pour amener de force la tête & l'encolure dans la volte. Il faut que l'on ait été étrangement ſéduit & aveuglé ſur une invention de cette nature, pour n'avoir pas ſenti que les chevaux, loin de s'aſſouplir, roidiraient leurs encolures pour faire porter une partie de leur corps par cette longe arrêtée à un point fixe, & s'en ſervir comme d'une cinquième jambe, ce qui ne pouvait que les rendre plus difficiles à conduire, lorſqu'ils ne ſeraient ſoutenus, à l'eſcadron, que par les mains vacillantes des Cavaliers qui voudraient les diriger.

Ce qui concerne les Cavaliers eſt auſſi ridicule; en faiſant jetter l'aſſiette en-dedans ou en-dehors, on ôte l'à-plomb qu'ils doivent prendre ſur les tubéroſités des iſchions, on les fait craindre de tomber; ce qui augmente la roideur : la cuiſſe de dehors fort allongée par ſon poids & celui de la jambe, les fait placer ſur la fourchure : les muſcles du côté droit, ſi c'eſt à droite que l'on tra-

bien ſes facultés corporelles & intellectuelles.

---

vaille, ſe contractent; ceux oppoſés prennent un degré trop conſidérable de tenſion, qui occaſionne un tiraiſlement douloureux, lequel ôte l'élaſticité des parties muſculaires & des ligaments articulaires. Il en eſt de même en arrondiſſant les poignets, en ouvrant la poitrine avec effort; la moindre contrainte, enfin, s'oppoſe invinciblement à ce que les parties qui compoſent la méchanique du corps s'aſſoupliſſent. Ce que je viens d'avancer n'eſt point haſardé, ce ſont des choſes généralement reconnues en phyſiologie: il n'y a pas un ſeul Naturaliſte dans l'Univers qui ne ſoit de cet avis; mais voilà comme nous ſommes, nous autres Français : nous courons promptement aux extrêmes. Auſſi, loin d'accélérer les choſes que notre impétuoſité naturelle nous fait ſouhaiter ardemment de voir perfectionner tout de ſuite, nous y faiſons obſtacle, faute de réfléchir mûrement ſur les moyens d'accélération que nous employons en conſéquence. N'eſt-il pas incroyable qu'une Nation, éclairée à tant d'égards, ait imaginé que des hommes âgés de 40 à 60 ans soient susceptibles de s'assouplir, qu'ils pourraient dresser des chevaux, les rendre légers, adroits, souples, dociles, célères; que l'on n'ait pas au moins soupçonné, que c'était donner un coup d'épée dans l'eau, que de faire exercer, à cheval, des vieux corps, dont les ressorts ont perdu pour toujours les trois quarts de leurs jeux, parce que, à un certain âge, les apophyses s'ossifient & même les muscles qui servent d'attaches; que c'était fatiguer, estropier inutilement & ôter la confiance que des soldats expérimentés ont à leurs forces & à leur adresse; que c'était enfin le vrai moyen de faire envisager les chevaux, par les Cavaliers (qui doivent les aimer & les soigner) comme l'instrument de leurs peines & de leur destruction. Vous prenez le change, me dira-t-on ; ce n'était point pour assouplir ces vieux Cavaliers qu'on les a fait exercer dans les principes; mais uniquement pour qu'ils donnassent l'exemple aux jeunes. Quant aux chevaux, on ne saurait disconvenir, ajoutera-t-on, que les fréquentes leçons les ont amenés à cheminer de deux pistes, à suivre les cercles les hanches en-dehors, à fuir les talons, à galoper de tel ou tel pied, &c. Je réponds à la première observation, que l'idée est fausse; car des hommes qui

souffrent se plaignent amèrement , & découra-
gent, par leurs cris, en l'absence des Officiers,
ceux qui auraient exercé en leur place ; que des
gens qui sont connus pour aimer à remplir leurs
devoirs, de vieux corps couverts de blessures, méritent des distinctions, & ne doivent donner d'exemples que dans l'exactitude pour le service, l'o-
béissance aux ordres qu'ils reçoivent, & sur-tout
par le mépris de la peine, des souffrances & des
dangers qui se présentent dans toutes les occasions. A l'égard des choses extraordinaires que
l'on prétend faire exécuter aux chevaux, je re-
ponds encore que l'action de passage, qu'on croit
leur avoir donnée, n'existe qu'en apparence. Quel
est le connaisseur qui ne s'est pas apperçu que
c'est précisément là ce qu'on appelle jetter du sa-
ble aux yeux pour étonner & séduire les ignorants , qui ne réfléchissent même pas où ces grandes choses peuvent conduire ? Est-il un bon
Patriote qui n'ait pas senti que c'était sacrifier le
bien général à l'intérêt de quelques particuliers,
que de confier une instruction qui aurait pu être
avantageuse, à des personnes qui en étaient incapables, à de féconds innovateurs, qui n'ont
cherché qu'à se faire admirer par des prestiges,
& obtenir des graces en conséquence ? J'irai plus

loin, & je dirai que non-seulement la plupart des personnes chargées d'instruire la Cavalerie, n'étaient pas en état de donner les leçons que l'on avait adoptées; mais qu'elles ne pouvaient pas elles mêmes, tirer un certain parti d'un cheval sans le ruiner à la longue, parce que deux ans d'exercice ne suffisent pas pour acquérir ce qu'il est indispensable de connaître, quand même on aurait toute la théorie des de la Valées, des de Nestiers, de Lubressac, & de Monchenu. Qu'est-il résulté de toutes les peines que l'on a prises ? La perte de beaucoup de chevaux, des défenses de ceux qui auraient été très-dociles; sur un petit nombre d'autres, que l'on appelle dressés dans ces Écoles, parce qu'ils font quelques pas croisés. Les Cavaliers n'étant point d'à-plomb (non plus que les chevaux, qui traînent leurs pieds) se donnent des atteintes, s'entablent le plus souvent, travaillent sans suite, sans précision & sans vigueur, la croupe-pressée dans les épaules, sans que ceux qui les conduisent ou veulent les conduire, se doutent de rien de tout cela : au contraire, ils se croient habiles, ils les recherchent continuellement & les ruinent en croyant les dresser.

Qu'était-il besoin pour fourager en campagne, passer des marais & cheminer dans la boue, sou-

vent

vent jufqu'au ventre dés chevaux, dans les bois
ou dans les bruyères, fur le fable ou fur les cail-
loux, gravir ou defcendre des montagnes, faire
des converfions, marcher en colonne ou de front,
&c. qu'était-il befoin, dis-je, de faire raffembler,
piaffer, paffager des chevaux qui non-feulement n'avaient pas befoin de ces leçons, mais
qui n'en font pas fufceptibles, fur-tout étant exercés par des Cavaliers qui les corrigent quand il
faudrait les careffer, qui donnent des faccadés
lorfqu'il eft inftant de rendre, qui s'oppofent fans
ceffe au mouvement de l'animal par le balancement de leur corps, qui n'eft pas plus fouple que
d'à-plomb? Que l'on abandonne les leçons de
paffage pour donner de l'affiette aux jeunes Cavaliers, en les faifant trotter long-temps fur des
chevaux deftinés à cet ufage, & que ce foient des
perfonnes inftruites, qui connaiffent la méchanique du corps : qu'on explique aux Cavaliers,
comme, fans le fecours de la bonne affiette, il
eft impoffible d'arrêter, diriger & fe rendre maître de leurs chevaux, pour qu'ils puiffent bien les
conduire à l'efcadron & à l'ennemi : que les jeunes
chevaux foient exercés par des Cavaliers les plus
capables & les plus patients, long-temps en bridon,
au pas, au trot, plutôt fur les chauffées que dans

les manéges : qu'on ne les rende pas trop senfibles aux aides : qu'on ne les faffe galoper qu'en
plaine, & rarement, après qu'ils auront été pré-
parés huit mois au trot : qu'on ne s'inquiette
point fur quel pied l'on donne les différents
degrés aux allures : que l'on renonce enfin à ce
raffinement d'inftruction, qui ne convient aucunement à la Cavalerie, & l'on fera, avec les
petits moyens que j'indique ici & dans mes Effais, de plus grandes chofes, qu'en perféverant à
fuivre les principes que l'on a adoptés.

Je termine cette longue note par obferver
que généralement, dans les troupes, on s'occupe
trop à manœuvrer, & pas affez à s'inftruire à bien
marcher avec la célérité & l'enfemble de mouvement qui produit cette unanimité d'effort fi
redoutable à la guerre, où l'on marche beaucoup
& où l'on manœuvre peu.

ESSAIS

ESSAIS

SUR

L'ÉQUITATION.

CHAPITRE PREMIER.

De la belle Posture d'un homme à cheval.

Il ne suffirait pas d'expliquer l'arrangement que doivent avoir les parties du corps à cheval, selon les regles adoptées pour un homme bien fait, &

dont toutes les proportions seraient
juftes. Il faut néceffairement s'étendre
& fuivre les variations qu'offre aux
yeux des vrais Connaiffeurs la conformation de chaque Elève ; indiquer les
moyens les plus propres relativement
à ces variations, pour affouplir, affermir, placer avec le plus de grace poffible les perfonnes qui veulent s'inftruire
dans l'Art de monter & conduire adroitement un cheval. En conféquence, je
vais établir des règles ou principes
généraux, & je me propofe d'entrer
enfuite dans des détails particuliers en
faveur des différentes conformations.

Principes généraux pour la belle pofture à cheval.

Ayant choifi un cheval taille de Huf-
fard ou de Dragon, très-docile, auquel on mettra un caveffon, il faudra
placer l'Elève bien affis au milieu de
la felle, les reins droits & un peu pliés

en avant, de manière que la ceinture
ſoit près du pommeau, pour s'unir au
mouvement du cheval; la tête haute &
libre, d'à-plomb ſur les épaules; la
poitrine élevée & bien ouverte; la
pointe des épaules en arrière, abattues
& d'à-plomb ſur les hanches; le haut
du corps, appellé buſte, aiſé, libre &
droit; le plat de la cuiſſe collé ſur les
quartiers de la ſelle, ſans ſerrer les
genoux; les jambes libres, aſſurées,
tombant perpendiculairement entre le
ventre & les épaules; les pieds ſur la
ligne des jambes parallèles au corps du
cheval, la pointe plus baſſe que les
talons ſans étriers, & un peu plus
élevée que les talons avec les étriers;
les bras ſur la ligne du corps tombant
naturellement à un pouce environ des
hanches; les avant-bras & les poignets
ſur une ligne droite & horiſontale, de
manière que la main qui tient la bride
ſoit à trois pouces du ventre; les rênes

dans la main gauche féparées par le
petit doigt, lorfqu'on travaille à droite, & dans la main droite à poignée,
lorfqu'on travaille à gauche (1); le filet
dans l'un & l'autre cas, dans la main
oppofée à celle qui tient la bride; les
ongles un peu en-deffous; la gaule dans
la main droite, le bout en avant &
incliné vers l'oreille gauche du cheval : on la fait fiffler pour lui donner
de l'action, en élevant le poignet qui
la tient au-deffus de la tête; ce qui
donne beaucoup de grace au Cavalier.
On peut auffi s'en fervir avantageufe-
ment pour donner de l'activité aux
épaules en frappant doucement deffus,
ainfi que fur la croupe, en la tenant la
pointe en bas & en arrière fous le bras
droit.

---

(1) Voyez pofition de la main, Chap. XI.

Récapitulation de la belle posture à cheval.

Bien assis dans le milieu de la selle (1).

C'est-à-dire, faire appui sur les deux tubérosités des os ischions ; que ces deux points d'appui soient égaux, pas plus près des battes, ni plus à gauche qu'à droite, l'un que l'autre ; en sorte que le coccix soit le troisième point formant la séparation exacte du milieu

---

(1) Un Elève qui lisait dans les Dissertations sur la posture de l'homme à cheval, qu'il fallait être bien assis dans le milieu de la selle, n'était pas fort instruit, faute d'explication comment & sur quelle partie du corps il fallait prendre appui. Il croyait, fort mal-à-propos, avoir une bonne assiète, étant naturel même au plus ignorant d'opiner pour lui. Cette omission seule non-seulement retardait, mais le plus souvent fesait manquer l'instruction ; parce que sans assiète il n'y a point de bon Cavalier.

de la selle qu'il faut regarder comme le centre de gravité des masses réunies, dans le cas nécessaire où les jambes du cheval porteront également, ainsi que les pointes des arçons qui sont quatre autres points intermédiaires.

Les reins droits & pliés en avant.

Ce sont les vertèbres lombaires qui seules doivent occasionner le pli des reins & leur procurer la souplesse nécessaire pour recevoir, arrêter les contre-temps & les secousses violentes communiquées par le choc de la selle contre les fesses du Cavalier lorsque le cheval saute, rue, fait la cabriole, ou quand, après s'être élevé des quatre pieds, il fait sa foulée sur le sol en retombant. Les reins, indépendamment du pli en avant, peuvent encore être pliés latéralement à gauche ou à droite; ce qui dérange beaucoup la posture, fait roidir le cavalier, nuit considérablement à la tenue & à la jufteffe (1). Plufieurs Elèves, foit par foibleffe dans cette partie, foit par défaut de conf-truction, les plient de très-haut, c'eft-à-dire, prefque toutes les vertèbres dorfales & lombaires; alors les reins ont trop de jeu. Le bufte en eft dé-rangé, ainfi que les autres parties; ce

---

(1) Il y a très-peu de perfonnes, foit à pied ou à cheval, qui aient les vertèbres d'à plomb. Lorfqu'elles fortent de leur bafe à cheval, & que les reins font pliés, je fuppofe à gauche, pour lors les côtes font lever l'épaule gauche, la tête penche, parce que les vertèbres du cou font auffi forties de leur bafe; le haut du corps s'in-cline à droite pour prendre l'équilibre; l'appui fur la felle fe fait prefqu'en totalité fur la feffe gauche; la hanche droite eft plus en arrière que l'autre; par conféquent la cuiffe droite eft moins tournée & allongée. Si le cheval faute ou trotte vigoureufement, l'affiète roule à gau-che, le haut du corps s'incline à proportion pour ne pas tomber; en forte qu'après un exer-cice de plufieurs années, on fe trouve moins

A 4

qui nuit autant à l'accord, à la grace & à l'union des deux individus que le défaut précédent. Les personnes qui ont été placées sur l'enfourchure contractent communément cette mauvaise habitude, dont on les corrige difficilement. Le pli des reins doit joindre la ceinture au pommeau.

La tête haute & libre entre les deux épaules.

La tête haute fait paraître le Cavalier & contribue à le faire asseoir; dans

---

droit que quand on a commencé à exercer; parce que l'on devient plus habile à prendre son équilibre qu'à redresser son corps, qui, n'étant point dans la position naturelle, ne peut acquérir le jeu nécessaire aux parties qui le composent, ni le ressort dont il est susceptible, qui l'unit au mouvement du cheval; encore moins avoir les aides moëlleuses & liantes pour le dresser parfaitement.

les commencements, les perſonnes qui
ont un parfait à-plomb, communément
la baiſſent pour voir travailler leurs
chevaux; mais ils ont ſoin de mettre
le buſte plus en arrière pour faire le
contrepoids exact, qui n'eſt bien ſenti
qu'après une longue pratique & un
travail aſſidu : & elle ne peut être libre & aiſée dans ſes moûvemens, que
par l'à-plomb & par la grande ſoupleſſe
des muſcles du cou dont pluſieurs perſonnes ont les vertèbres inclinées en
avant & point ſur leur baſe, en ſorte
que, quand ils veulent lever la tête, ils
roidiſſent & contraignent cette partie,
ainſi que les épaules & ſpécialement
l'épine du dos.

La poitrine élevée & bien ouverte.

La poitrine élevée donne beaucoup
de grace, oblige les épaules de ſe porter en arrière & fait plier les reins au
degré néceſſaire. Quelques Elèves ont

cette partie naturellement haute & large ; ce qui eft très-avantageux & les
fait paraître affez bien à cheval dès le
commencement de leur inftruction.

*La pointe des épaules en arrière , abat-
tues & d'à-plomb fur les hanches.*

Les épaules également fouples , libres , ni plus avancées , ni plus baffes
l'une que l'autre , contribuent infiniment avec le bufte à contenir l'affiète ,
conféquemment à bien méner les chevaux , fur-tout à les tenir droits , par le
foin qu'ont les bons Écuyers de diftribuer leur poids felon les circonftances ,
fur les hanches ; pour que les feffes ,
qui en font la bafe , faffent la preffion
fur la felle du côté où le cheval fe traverfe , fans avoir recours à la jambe
pour les redreffer ; ce qui rend les chevaux très-droits en peu de tems , s'ils
font fenfibles à cette aide. Plufieurs perfonnes les ont hautes , rondes derrière ;

la pointe resserrée sur la poitrine : toutes ces difformités nuisent beaucoup à la grace, à l'aisance & au liant qui conduit à une belle exécution. Le travail & les soins corrigent & rectifient un peu ces défauts ; mais ils sont toujours un obstacle au liant, conséquemment à l'accord & à l'union. On doit les laisser suivre le mouvement occasionné par le trot dans les commencements, pour les dénouer & leur faire acquérir l'aisance & la souplesse dont elles sont susceptibles.

Le plat des cuisses collé sur les quartiers de la selle sans serrer les genoux.

Si le plat des cuisses doit être collé, ce ne peut être dans les commencements, les ligaments articulaires qui leur servent d'attache, & les parties musculaires qui les font mouvoir, n'ayant point acquis assez de ressort par l'extension & la fléxion continuelle qu'occaſionne l'exercice, il eſt phyſiquement impoſſible qu'elles ſoient d'abord placées.

Il ſeroit infiniment nuiſible de les forcer, en les tournant : car indépendamment de la roideur, on enfourcheroit l'Élève, que l'on doit au contraire aſſeoir avec tout le ſoin poſſible, ſans avoir égard à ce que les cuiſſes ſoient tournées, ou non ; ce qui lui donnera bientôt l'à-plomb, & ſucceſſivement l'aſſurance & la grace. Après quelque temps d'exercice, on doit les tourner & les allonger par degrés, preſque dans une ligne perpendiculaire à l'horiſon, pourvu qu'en les allongeant on ne perde pas le point d'appui, que l'on doit continuellement prendre ſur la tubéroſité des iſchions ; ce que l'on déſigne dans les manèges par l'expreſſion *tenir le fond de la ſelle* : les cuiſſes, dans ce cas, contribuent autant à la tenue ou fermeté du Cavalier ſur la ſelle ,

qu'à la grace & à l'aifance qui réfultent
de cette tenue. Quant à fentir plus ou
moins fon cheval , par les différents
points de contact , comme on l'a dit ,
je penfe (& l'expérience me l'a prouvé
mille fois, fans avoir recours à la phyfique) qu'il fuffit de toucher la felle
des deux points d'appui des ifchions,
pour fentir tous les mouvements de
l'animal, & en rendre raifon.

Pour acquérir plus promptement une
grande foupleffe dans les cuiffes, indépendamment de l'action de les allonger,
& de les mollir en les laiffant , comme
on dit ordinairement , mortes , le trot
fans étriers , des bottes un peu pefan-
tes , le bas des reins pliés , où la ceinture au pommeau y contribueront infiniment (1). On doit avoir la plus gran-

---

(1) Il y a des perfonnes qui ont imaginé,
& fans fuccès, de mettre de groffes femel-
les de plomb fous leurs bottes pour faire al-

de attention de les tourner & allonger
également. Une cuisse plus sur son plat
que l'autre , attirera l'assiète de son
côté : de même si elle est plus allongée
ou un peu plus roide. Plusieurs personnes les ont rondes, courtes & charnues
comme les femmes. Ces imperfections
sont très-nuisibles , en ce qu'étant rondes , elles roulent ; charnues , elles sont
peu sensibles ; courtes , elles n'embrassent pas assez les chevaux ; ce qui diminue l'enveloppe , & raccourcit l'espèce de balancier que font les jambes
& les cuisses. Si l'on serre les genoux
dans les contre-temps pour se tenir à

---

longer les cuisses, sans réfléchir que tout ce qui
peut occasionner la moindre douleur par un ti-
raillement violent, fait roidir, ôte l'élasticité des
parties musculaires ; conséquemment produit
l'effet contraire à leurs vues ; ce qui prouve que,
dans ce cas & dans tous autres , il est plus avantageux de se rapprocher que de s'éloigner de la
nature.

cheval, les feſſes levent & reçoivent un choc beaucoup plus violent de la ſelle, de manière que, loin de contribuer à la tenue, l'effort ou preſſion des genoux la diminue conſidérablement ; outre que cette preſſion eſt une aide, pour les chevaux ſenſibles, qui les rendrait plus difficiles à conduire.

Les jambes libres & aſſurées tombant perpendiculairement entre le ventre & les épaules du cheval.

Les jambes ne deviennent libres & aſſurées qu'après un exercice de pluſieurs mois, & lorſqu'on a acquis une bonne aſſiète : elles ne feront d'à-plomb ſous les genoux, que quand les cuiſſes feront placées & aſſouplies ; dès-lors laiſſant tomber les jambes, elles ſe placeront par leur propre poids. Comme il y a bien peu de perſonnes qui aient une bonne aſſiète ; de même, & uniquement pour cette raiſon, il y a auſſi bien

peu de jambes exactement placées ,
moëlleuses , tombant perpendiculairement fous les genoux , fans aucune
force. Une preuve certaine d'une médiocre affiète eft la roideur des jambes,
& leur éloignement du ventre du cheval [1]. Quand on eft fur l'enfourchure,
elles font en arrière , & le corps en
avant , à moins que les reins ne foient

---

(1) On éloigne les jambes pour avoir une
bafe plus confidérable, (comme font les enfans
lorfqu'ils commencent à marcher, qui les tiennent larges pour ne pas tomber) ; parce que
l'on ne connoît ni l'à-plomb ni l'équilibre que
l'on doit prendre fur les deux tubérofités des
ifchions. Il eft facile de fentir que l'appui ou
preffion que l'on fait continuellement fur les
étriers , diminue d'autant celle qu'on doit faire
fur la felle ; ce qui éloigne la ceinture du pommeau, occafionne un mouvement du corps &
des jambes en avant & en arrière , auffi incommode pour le cheval, que pénible pour le
Cavalier.

prodigieusement pliés ; ce qui , outre la roideur , est très-défectueux. Beaucoup de personnes tendent leurs jambes, & font deux points d'appui sur les étriers, levent par conséquent les fesses & portent le corps en avant. Cette mauvaise habitude les fatigue infiniment , & les rend très-peu propres à conduire les chevaux , encore moins à les dresser : c'est une des plus grandes preuves de leur incapacité à cet égard. Les jambes bien placées donnent beaucoup de grace à cheval, & contribuent à conserver l'équilibre du corps. On s'en sert pour aider & châtier les chevaux , &c.

Les pieds sur la ligne des jambes &
parallèles au corps du cheval.

On ne doit pas mettre plus de force à placer les pieds que pour aucune autre partie du corps. Lorsqu'il n'y aura point d'étriers pour soutenir les pieds, la pointe doit en être plus basse que les talons ,

& tant ſoit peu plus élevée avec les étriers. La plupart des Élèves en commençant, s'eſtropient les chevilles des pieds, & les roidiſſent en voulant diriger la pointe, comme nombre d'Auteurs l'ont dit improprement, « *à regarder les* » *oreilles du cheval* », ſans penſer que ce doit être la poſition des cuiſſes qui place les jambes & les pieds. D'autres tiennent les talons hauts & tournés du côté du ventre du cheval ; ce qui le picote & le fait couailler, ſouvent même défendre, ſur-tout s'il eſt chatouilleux. Tous ces défauts proviennént de la force qu'on emploie, tant pour placer que pour mouvoir ces parties. Lorſque les pieds ſeront placés parallèlement au corps du cheval, ſans être eſtropiés, ce ſera une preuve qu'il n'y a point de roideur ; & que les cuiſſes ſeront tournées au degré où elles doivent l'être, ſelon l'exacte règle.

Les bras sur la ligne du corps, tombant naturellement à un pouce environ des hanches.

Les bras étant sur la ligne du corps, liants & bien d'à-plomb seront assurés. Si l'on était renversé, les bras, dans ce cas, seraient en arrière des hanches. Si au contraire le buste est en avant, ils seront de même en avant des hanches, & par conséquent auront un mouvement continuel d'avant en arrière ; ce qui rendra la main dure & mauvaise. On ne peut faire reposer les bras sur les hanches, comme on l'a dit dans plusieurs traités de Cavalerie, sans avoir l'air gêné, & sans faire remonter les épaules. Il serait tout aussi défectueux de les élever, les tenir éloignés du corps & les balancer, comme le pratiquent quelques personnes, croyant se donner des graces. On doit les laisser tomber sans force, & ils se placeront perpendiculairement, ainsi que les jambes, par

leur propre poids. Les bras , les avant-
bras & les poignets bien placés , donnent une véritable grace au Cavalier.

*L'avant-bras & les poignets sur une ligne
droite & horisontale.*

Lorsqu'on voudra tourner le cheval
à droite ou à gauche , les bras & avant-
bras doivent mouvoir proportionnellement ; il n'en doit pas être de même
dans l'action de rendre ou de retenir ;
alors les avant-bras & les poignets seuls
doivent agir d'un mouvement commun.
Les poignets seront à trois pouces du
corps , point arrondis. Le petit doigt
n'en sera pas plus près que le pouce ; car
cette dernière position de la main , outre qu'elle n'est pas naturelle , manque
d'agrément, & ne produit aucun bon
effet [1] ; au contraire le poignet, l'a-

____

(1) On ne peut arrondir le poignet sans employer de force & se fatiguer à la longue.
Lorsqu'on le tient sur la ligne du bras, il a de

vant-bras, le bras & souvent l'épaule
en sont roidis : de-là la fatigue & la
lassitude de ces parties, qui obligent le
Cavalier, sans qu'il s'en apperçoive, de
suivre la position droite que je viens
d'indiquer, qui est la seule naturelle.

Il est de même, non-seulement inutile, mais nuisible, de tourner les ongles en-dessus pour retenir, en-dessous
pour rendre à droite ou à gauche,
pour faire tourner le cheval de l'un ou
de l'autre côté. La main qui tient le filet,
doit être vis-à-vis la hanche, & un peu
plus basse que celle de la bride, seulement pour lui faciliter ses mouvemens.

---

la grace ; autrement il paraît estropié. D'ailleurs il est absolument inutile d'avoir le poignet
arrondi pour sentir l'une ou l'autre des deux
rênes. Un cheval bien placé & bien confirmé
dans l'attitude qu'il doit avoir, tournera à droite
& à gauche & fera un bel arrét, en soutenant la
main dans sa position. Tout ce qu'on a recherché à cet égard sont des rafinements superflus.

On peut aussi passer la gaule dans l'une & l'autre main, selon le besoin, mais avec précaution, pour ne pas effrayer le cheval ; au surplus l'aide de la gaule est plus douce, mais moins utile que l'aide des jambes pour les dresser à tous les airs.

Voilà, je l'avoue, un détail sur la belle posture à cheval, un peu long ; mais l'étude que j'ai faite de la plupart des Ouvrages qui traitent de l'Équitation, où l'on trouve tant de contradictions sur cette partie essentielle de l'art, & les faux principes, qui dérivent nécessairement de la diversité des opinions, que malheureusement beaucoup de personnes suivent dans les Écoles subalternes, m'ont déterminé à entreprendre d'écrire les remarques que le temps m'a mis à même de faire sur un grand nombre d'Élèves que j'ai fait exercer pendant bien des années.

Je desire très-sincèrement que les

attentions & les soins que j'ai pris à rendre claires & sensibles mes idées sur cet objet important aux Amateurs de la Cavalerie , rapprochent une infinité de personnes, dont les opinions & les principes différent les uns des autres & des miens. Discordence qui ne provient que de ce qu'on a négligé d'avoir recours, comme je l'ai fait, aux loix de la méchanique & à l'anatomie ; deux choses qui seules peuvent dévoiler les mystères de la nature dans la partie de l'équitation. Cette négligence a considérablement nui à l'instruction de la Jeunesse , & a singulièrement retardé les progrès d'un art si envié de l'élite de la Noblesse , & même des Souverains en Europe [1].

___

(1) Les chevaux ont dans tous les temps fait la passion des Grands, & d'une infinité de personnes des deux sexes. Sans avoir recours à tout ce qu'ont dit les Poëtes sur le faste ancien & moderne concernant cet agréable animal, il suffit de citer quelques traits d'Histoire,

pour faire connoître combien ils ont été & font encore aimés. Darius fit élire Roi le cheval dont il fe fervait. Alexandre, fon vainqueur, fit faire de magnifiques funérailles à fon fameux Bucéphale, & fit bâtir une Ville qui porta fon nom; l'Empereur Néron fit nommer fon cheval Conful; Caligula fit manger le fien à fa table; les Turcs font des penfions aux leurs; les Efpagnols, fur-tout en Andaloufie, & les Arabes particulièrement, font auffi foigneux de conferver la généalogie de leurs chevaux, que les Princes font curieux de celle de leur famille. On affûre qu'il y en a eu chez les Arabes, pour lefquels on a frappé des médailles; ce qu'il y a de bien sûr, c'eft qu'ils les font coucher dans leurs tentes, leur parlent, les vendent très-cher, & ne s'en défont qu'à la dernière extrémité. Les Anglais prennent à-peu-près les mêmes foins; & confervent encore, de père en fils, les noms de tous les chevaux de bonne race qu'ils ont eus depuis très-long temps; chacun enfin fait l'éloge de fon cheval & prend plaifir à exalter fes qualités. On peut le dire; fi c'eft doubler fon exiftence que de monter & exercer à cheval, c'eft la tripler que de le favoir bien conduire & le foumettre à toutes fes volontés felon les circonftances.

CHA-

CHAPITRE II.

Des bons effets de l'assiette, démontrés par la comparaison entre un homme de cheval & une personne qui n'aurait que peu ou point de principes.

Ce n'est pas assez d'avoir expliqué la méchanique des parties du corps d'un Cavalier sur la selle, il convient encore d'enseigner l'avantage que l'on peut tirer d'une belle assiette, sans laquelle il n'y a aucune justesse ni instruction pour le cheval. On doit entendre, comme il a été dit, par une bonne assiette, ce grand à-plomb, ce liant, cette extrême souplesse dans toutes les parties qui nous unissent à tous les mouvemens de l'animal (1), & nous

____

(1) L'assiette, ou, ce qui est la même chose,

B

identifient , pour ainfi dire , avec lui,
en forte que les deux individus femblent n'avoir qu'un même corps , dont

---

la bafe fur laquelle le corps du Cavalier prend
l'appui fur la felle , confifte dans la pofition des
tubérofités des deux os appellés *ifchions* , & de
la partie de chaque cuiffe appellée moyenne in-
terne inférieure. La perfection de l'affiette confifte à ce que l'on réduife ces deux points d'appui
fur les ifchions; feulement, en allongeant les
cuiffes, en forte qu'elles ne contribuent à la
tenue & à l'à-plomb du corps que par leur
poids. Les perfonnes qui n'ont point été affou-
pliés & placées, font appui près des genoux
& fur les ifchions; ce qui fait une bafe d'environ un pied & demi, qu'on ne peut point regarder comme ftable , à raifon de la mobilité
des cuiffes & de l'effort plus ou moins confidérable des genoux, lors de la preffion qu'ils
font, quand on s'en fert pour fa tenue. C'eft
encore pis, lorfqu'on ajoûte à ce fecond point
d'appui, celui que l'on peut prendre fur les
étriers, fur-tout en les éloignant du corps du
cheval & tenant les jambes roides, comme font
toujours ceux qui n'ont point d'affiette.

l'action fe communique & fe propage également ; avec cette différence, que c'eft la volonté du Cavalier qui doit l'occafionner, & au degré qu'il le defire. Dans ce cas, il peut rendre raifon non-feulement de la motion de l'animal ; mais encore de la pofition des parties de fon corps, comme fur quelle ligne font les épaules par rapport à la croupe, l'encolure & la tête par rapport aux épaules & à la croupe, l'à-plomb du corps fur les jambes, l'ordre & l'arrangement de celles-ci fur le fol ; leur diftance latéralement & perpendiculairement des unes aux autres, celle qui fait fa foulée ou celle qui leve, dans quel degré d'action, de force & de célérité ces parties font mues, &c. Il fuit de ce que je viens de dire, que toute l'Equitation défignée par tant de noms dans tous les Ouvrages qui en traitent, peut fe réunir & s'entendre dans la plus grande énergie fous la dénomination du mot *fentir*, ou *fenfation réciproque des deux êtres*. Ceci bien compris, il s'agit actuellement d'indiquer les moyens les plus doux & les plus fimples à employer pour foumettre les chevaux à la puiffance qui doit augmenter ou diminuer felon les cas, accélérer ou ralentir, donner l'attitude; enfin régler l'allure ou l'action de l'animal : c'eft ce qui fera expliqué dans les leçons fuivantes, où l'Elève & le cheval feront également inftruits & conduits par les différents degrès par lefquels ils doivent paffer.

Effets de la fouppleffe du corps.

Pour mieux faire fentir ce que j'ai avancé, fuppofons un Cavalier dont le corps aifé, flexible & liant, l'unit intimement au mouvement de l'animal qu'il veut dreffer ; il aura alors l'avantage d'agir avec grace & de fixer, pour ainſi dire, les parties qu'il doit employer pour l'inſtruire : en conféquence de cette immobilité, il lui fera facile de tenir les rênes raccourcies dans ſa main, de maniere que l'embouchure, la gourmette & les jambes ne feront qu'à une ligne de la fenſibilité du cheval; il fera néanmoins à ſon aiſe, ne fentira aucune eſpèce de douleur; cependant il fera très-contenu & ferré de près, ce qui le tiendra dans une exacte crainte & le rendra attentif à ce qu'on exige de lui. S'il veut faire quelques mouvements fans la participation du Cavalier, il fera dans l'inſtant arrêté & corrigé; de-là ſa foumiſſion pour ce qu'exige l'Ecuyer, & ſon indocilité pour celui qui n'a pas cette foupleſſe de corps, parce que l'un a la puiſſance d'agir à volonté, pendant que l'autre n'en a que le deſir, donnant malgré lui des accoups de la main & des jambes;

B 3

empêchant, par le balancement de fon
corps & par fon poids à gauche, à droite, en avant, en arrière, le cheval de
travailler ; l'inquiétant & fouvent le
faifant défendre. Revenons au Cavalier dont les parties agiffent avec facilité
& grace, dont le corps ou le tout refte,
pour ainfi dire, immobile à fon gré.
S'il defire marquer un demi-arrêt, c'eft-
à-dire, faire une preffion fur les barres
& la partie inférieure de la mâchoire
du cheval, fervant à ralentir, redreffer, raffembler, enlever le devant,
tourner à droite ou à gauche, &c.
l'embouchure & la gourmette, étant à
une ligne de la fenfibilité, ne feront
point une furprife ni un étonnement,
fur-tout fi l'on foutient la main lentement & graduellement comme on doit
le faire. Le cheval ne fera donc point
déplacé par cette action, ne battra point
à la main, ne tendra pas le nez pour
éviter l'appui du mords & de la gour-

mette , fuivra l'impreffion & obéira au mouvement.

Les jambes agiffant d'accord avec la main lentement & graduellement , l'animal exécutera toutes les figures poffibles des Manèges , & tous les airs connus , fans que l'on apperçoive les mouvements du Cavalier qui l'obligent de travailler ainfi.

Avantages de l'équilibre.

Ajoutons préfentement à ce premier avantage celui de l'équilibre que le cheval cherche continuellement à garder ; auquel le corps du Cavalier faifant balancier , il s'enfuit qu'il contribuera ou nuira confidérablement à chaque mouvement. Il réfulte de ces deux cas, que le Cavalier qui ne confervera pas l'à-plomb qui facilite le cheval à fe fervir des refforts ou puiffances qui portent & élancent les deux

B 4

masses, occasionnera l'incertitude de
l'animal qui travaille ; il deviendra mal-
adroit ; son action sera privée de la
grace qui doit l'accompagner ; il sera
pesant dans sa course ; les contre-temps
enfin pourront le faire abbattre & le
plus souvent défendre, s'il est sensible
& impatient. L'homme de cheval, au
contraire, saura non-seulement concourir avec l'animal à conserver cet équilibre ; mais encore perfectionnera, s'il
m'est permis de m'expliquer ainsi,
l'action ou mouvement qui tendoit à le
faire perdre à chaque pas, en portant
avec précision le corps à gauche, à
droite, en avant & en arrière, & faisant, selon le besoin, ce que le danseur
de corde fait avec son balancier, ou
un Hollandais avec le haut du corps,
quand, en patinant sur la glace, il y
dessine jusqu'à des fleurs, quoique
l'inégalité & le poli de la surface y

rendent l'équilibre très-difficile à conferver (1).

Effets de la tenue.

En joignant à l'équilibre la ftabilité

---

(1) On aurait tort néanmoins de croire que
l'équilibre eft plus facile à bien conferver fur
les chevaux, eu égard à la bafe que l'on y prend,
qui eft mille fois plus confidérable que celle du
danfeur de corde ou de celui qui, en patinant,
fait porter fa maffe fur une lame épaiffe d'environ
trois lignes. Que l'on obferve la différence qu'il
y a d'un mouvement occafionné par la volonté
& la puiffance plus ou moins grande de ces
deux perfonnes à celui du Cavalier, qui ne
peut être employé exactement qu'après l'effet
réfultant de la puiffance d'un être dont l'action
eft fpontanée, & que le Cavalier ne peut que
modifier ; outre qu'il ne faut pas prendre dans
ce cas l'affiette du Cavalier fur la felle, pour la
vraie bafe, mais bien les pieds du cheval, dont
le mouvement eft alternatif des quatre jambes
au pas & au galop, & de deux latéralement
au trot.

B 5

& le liant que donne la foupleffe, ex-
pliquons méchaniquement comment la
pofition & l'affiette font non-feulement
la bafe , mais la caufe qui fait agir le
cheval avec jufteffe , brillant & grace
dans tous les airs. Par exemple , on le
mène à courbette ou à mézair : dans
l'inftant qu'il leve le devant , les jambes du Cavalier qui n'emploiera point
de force , iront d'elles-mêmes en arrière par leur propre poids , qui tend
à l'équilibre ; elles toucheront doucement le ventre d'une force égale à-cha-
que courbette ou mézair , ce qui fera
couler les hanches & les pieds paral-
lellement fous le ventre ou centre de
gravité. Pour que l'animal puiffe de
nouveau faire une autre courbette cride
& bien cadencée , on obfervera que ,
quand les deux pieds de derrière du
cheval font appui fur le fol , la preffion
des jambes du Cavalier augmente &
chaffe l'animal en avant dans la main

qui enlève, arrête le devant & le soutient quand il retombe, pour rassembler ses forces & lui donner la puissance de mettre les deux masses tantôt sur les deux pieds de derrière & ceux de devant alternativement. Le mouvement de la main dont je viens d'expliquer les effets, est occasionné par le haut du corps du Cavalier, qui est porté en arrière, lorsque le cheval s'enlève & qui ne revient prendre l'équilibre qu'un instant après.

Je ne dis rien de la pression des fesses sur la selle plus ou moins considérable selon le besoin, & que les mouvements du cheval occasionnent encore au degré nécessaire, laquelle pression concourt unanimement avec la main & les jambes à la justesse de ces deux airs.

L'explication précédente peut s'appliquer au mézair & au terre-à-terre.

Réaction du corps du Cavalier sur le cheval.

Passons à d'autres airs, qui exigent aussi le plus parfait accord & la plus grande justesse, soit que l'on fasse cheminer au pas le cheval, (bien entendu, dressé & très-sensible aux aides,) l'épaule ou hanche en-dedans, en cercle ou sur le droit, la tête ou croupe au mur, changer ou contre-changer de main, de deux pistes, &c. Je vais démontrer comment, sans aucun secours ou sans la volonté du Cavalier, l'animal assoupli, droit & d'à-plomb pourra cheminer & exécuter tous les airs, n'étant aidé d'autre mouvement que de celui qu'il occasionne au corps du Cavalier, qui réagit sur lui ; ce qui doit être incontestablement pris pour le plus haut degré de perfection de l'instruction des deux individus.

Pour expliquer les loix de mouve-

ment du corps du Cavalier fur le
cheval, il faut regarder les vertèbres
lombaires comme plufieurs pivots très-
mouvants, fervant de bafe & d'étai
au bufte ; ces vertèbres font elles-mêmes portées fur le baffin, dont la partie
inférieure eft terminée par les ifchions,
qui font deux points d'appui fur la felle ;
la felle fur le dos du cheval, & celui-ci
fur le fol. Les parties mufculaires &
les ligaments articulaires qui tiennent
le corps fur fes pivots ou folides mouvants, étant dans un état qui tient le
milieu entre la flexion & l'extenfion,
lorfque le Cavalier fe mollit, & que
l'exercice a procuré à ces parties le
reffort dont elles font fufceptibles chez
les jeunes gens ; les parties mufculaires, dis-je, prêtent, dès que le corps
eft mu par l'action du cheval, & ont
un reffort plus ou moins confidérable
& plus ou moins actif, réfultant des
degrés plus ou moins confidérables, ou

plus ou moins actifs de la caufe qui les
produit. Par exemple, que l'on faffe
cheminer à droite la tête ou la croupe
au mur, dès que l'on aura foutenu doucement la main gauche de ce côté pour
y déterminer les épaules de l'animal,
& la jambe gauche pour faire fuivre les
hanches, le corps du Cavalier, au moment où le cheval fera le premier pas
à droite, inclinera un peu à gauche,
de la fommité de la tête, jufqu'aux
vertèbres lombaires, qui font le pivot
fur lequel le corps fe meut, ce qui occa-
fionnera l'extenfion des fibres latérales,
laquelle extenfion étant portée à un
certain degré par l'effort de la maffe,
les fera réagir dans un égal degré pour
la ramener à droite, la faifant incliner
de même de ce côté : les deux jambes
auront fait à cet inftant, par l'effet de
l'équilibre, un mouvement femblable à
celui du corps de droite à gauche & de
gauche à droite, relatif à la motion du

cheval ; c'eſt-à-dire que, dans l'inſtant qu'il ſe porte à droite, le corps & les jambes font un mouvement à gauche, & quand il prend appui ſur le ſol, le corps & les jambes en font un ſembla- ble de gauche à droite. La main, comme dépendant du bras, le bras du corps ſui- vant ſon mouvement à gauche, ſoutient les épaules ou avant-main du cheval, pour qu'il ne ſe preſſe point & ne faſſe pas un trop grand pas, ce qui pourrait faire traîner ſes pieds. Le mouvement dès jambes du Cavalier, qui ſe fait de droite à gauche dans l'inſtant que le cheval ſe porte à droite, contient ſes hanches par la légère preſſion de la jambe droite ; & quand il prend appui ſur le ſol, la main qui ſuit encore le corps du Cavalier qui s'incline à droite dans cet inſtant, porte de nouveau, par ſon ac- tion, l'avant-main à droite. La jambe gauche preſſe également les hanches & les chaſſe à droite, comme la main a fait des épaules au même degré & au même inftant : ainfi de fuite à chaque pas ; de-là vient l'égalité, la juftefle dans la marche & l'union occafionnée par l'élafticité & l'action fympathique des mufcles qui agiffent par un mouvement fimple, & donnent le degré d'aide néceffaire pour faire exercer le cheval avec la plus grande précifion.

On obfervera de plus que les épaules alternativement foutenues, & portées à droite par l'action de la main, dont le mouvement eft plus prompt que celui des jambes, parce qu'il eft moins grand, précéderont toujours néceffairement les hanches. Le cheval ne s'entablera point, parce que la jambe droite du Cavalier fait fa preffion à propos, qui ne ceffe qu'au moment où la jambe gauche vient à fon tour à faire la fienne. Comme tous ces mouvements font latéraux, ils empêchent encore que l'animal n'avance ni ne recule, reftant dans la balance de la main & des talons.

Un homme de cheval ajoutera à ces motions du corps, naturelles & indépendantes de la volonté, en employant & augmentant à propos le jeu des muscles qui par leur reſſort doivent le faire réagir, ainſi que la main & les jambes; trois aides, qui ſeules ſuffiſent pour faire exécuter aux chevaux, bien dreſſés dans toutes les allures, telle figure que l'on voudra.

Ce que je viens d'avancer, en diſant qu'au mouvement du cheval qui chemine la tête ou la croupe au mur, à droite ou à gauche, le corps du Cavalier s'incline, doit s'entendre d'un mouvement très-peu ſenſible, & preſque imperceptible aux yeux des Spectateurs, de même que ceux de la main & des jambes. Quand on ſe tient de force à cheval, le corps paraît roide, & ſemble n'avoir aucunes articulations ni aucun jeu. Il n'eſt point uni au mou-

vement du cheval ; & , comme pour ne
pas tomber , on ſerre les genoux, au-
lieu d'avoir recours à l'à-plomb , la ſelle
tourne du côté oppoſé à celui où chemine l'animal. C'eſt ce qui arrive encore
à celui qui n'a point d'aſſiette.

Comparaiſon de la bonne aſſiette avec la mauvaiſe.

D'après l'explication précédente , il eſt
aiſé de s'appercevoir que celui qui n'eſt
point aſſoupli , & n'a pas une bonne af-
ſiette , malgré toute l'intelligence & la
théorie poſſible , bien loin de concourir à l'action brillante d'un cheval , dé-
truira, par des mouvemens involontai-
res , ce que le haſard , quelquefois
d'accord avec ſa volonté , aurait pu
occaſionner de bien dans de certains
inſtans , faute de prendre le temps à
propos (1) & d'employer les degrés

---

(1) Il eſt à-peu-près comme une perſonne

néceſſaires. On peut encore partir de-là, pour juger de toutes les raiſons occaſionnelles, qui font bien ou mal aller le cheval. Sans entrer dans un plus long détail ſur la diverſité infinie de cauſes dans l'un ou l'autre de ces deux cas, qui ſont également ſuſceptibles d'une auſſi claire démonſtration, j'obſerverai ſeulement que c'eſt ce qui doit faire porter une déciſion infaillible ſur l'action du Cavalier, qui ruine ou conſerve les chevaux, ſur ce qui les rend ſages ou ce que nous appellons vicieux, ce qui les rend peſants ou célères à la courſe, ſur le brillant du cheval qui travaille ſous l'Ecuyer, & la grace infinie qu'il a ſur ce charmant & utile animal.

Je terminerai ce long Chapitre par

---

qui danſe & qui n'a point d'oreille, dont les élans ſont preſque toujours oppoſés à ceux des autres.

une ou deux comparaifons , qui doivent fuffire pour faire connoître la différence de l'homme de cheval , & de celui qui monte fans principes.

Comme je l'ai dit ci-devant , l'homme de cheval affoupli , dans une belle & avantageufe pofition (ce qui fuppofe un parfait à-plomb) fera uni & fixera à volonté fon corps & toutes les parties qui pourront lui fervir d'aides , & cela dans toutes les allures & tous les airs connus , jufqu'à la cabriole (1). Il

---

(1) Il paraît tout-à-fait impoffible aux perfonnes qui n'ont pas eu de principes, qu'on puiffe réfifter, fans perdre l'affiette, fur un cheval qui fait une ou plufieurs cabrioles. Je vais néanmoins expliquer comment un Elève bien affoupli peut refter ferme fur la felle, quand il fait bien prendre les temps dans le faut. Pour que l'animal puiffe s'élever avec le Cavalier qu'il a fur lui, il faut qu'il faffe une flexion confidérable fur toutes fes articulations : dans cet inftant, le Cavalier qui s'y attend plie les reins, abandonne

n'en ufera qu'autant qu'il le jugera à propos. La perfonne, au contraire, qui ne fera point affouplie, fera

---

fes forces & prend le plus grand à-plomb, en forte que le choc de la felle eft arrêté par le jeu des vertèbres lombaires, & ne parvient pas même jufqu'au bufte d'une manière fenfible. Au moment que l'animal eft prêt à retomber fur le fol & à faire une autre flexion, le Cavalier le faifit en ferrant les genoux, pour fe faire entraîner par la maffe beaucoup plus confidérable, qui eft fous lui, laquelle en retombant le laifferait en chemin, en raifon de fon poids ; & ainfi de fuite à chaque temps.

On juge bien que ces temps mal pris produifent l'effet contraire. Voilà ce qui fait tomber, malgré la force que l'on pourrait employer à fe tenir, parce que les deux corps ne font point liés enfemble, mais feulement joints ; de forte que le plus léger qui reçoit le mouvement, eft chaffé plus loin à raifon de fa moindre gravité. Lorfqu'ils retombent, le premier qui eft le cheval, comme je viens de le dire, à caufe de la fienne qui eft plus confidérable, arrive fur le fol un inftant avant le Cavalier qui, en tombant,

une preffion beaucoup plus confidérable d'un côté que de l'autre, foit en avant, foit en arrière, à droite ou à gauche, quand même le cheval refterait en place fans mouvoir (1) ; ce qui devient de plus en plus confidérable, à proportion de la motion plus ou moins rapide, plus ou moins élevée, plus ou moins dans une ligne droite, ondulée, ou circulaire, fur un plan plus ou moins uni, &c. Par exemple, le cheval fe porte promptement en avant, parce que le Cavalier aura employé une aide, par accoup ; le corps de celui qui le monte

rencontre l'animal de nouveau élancé, & reçoit une fecouffe beaucoup plus violente, qui l'éloigne plus ou moins felon le degré d'élévation où fe fait le choc.

(1) Il y en a qui ont fouvent un étrier plus long que l'autre d'un demi-pied. Ce qui ne peut être fans que la maffe foit très-loin de l'aplomb indifpenfable au cheval, pour agir & s'exercer avec précifion.

ira en arrière, le bras & la main qui le ſuivent, auront tiré d'autant les rênes : c'eſt ce qui cauſe la preſſion vive & douloureuſe du mords ſur les barres, rendue par l'expreſſion, *ſaccade de la main*. Le cheval, qui aura été déterminé en avant par la volonté du Cavalier, ſera arrêté par une douleur qui peut lui donner à entendre, que c'eſt un châtiment, parce qu'il s'eſt porté en avant. De-là ſon incertitude, de-là des défenſes, quand on réitère quelquefois de ſuite ce faux mouvement ſur un cheval ſenſible, juſqu'à ce qu'il ſoit devenu ce que nous appellons roſſe. Le corps du Cavalier qui, à ce premier mouvement, s'eſt porté en arrière & les jambes en avant, revient & outre-paſſe l'à-plomb, ce qui fait lâcher les rênes d'un pied au moins ; l'animal, qui s'en apperçoit, profite avantageuſement de l'inſtant de liberté pour bondir ſur le ſol, ſe traverſer, ruer, faire ce qu'on

nomme vulgairement le faut du mou-
ton , foit par gaieté , ou pour défar-
çonner fon Cavalier , & fe procurer
l'entière liberté que nous lui avons ra-
vie en le deftinant à notre ufage.

Si le Cavalier , dont je parle , defire
faire une galopade , il eft tout fimple
que le cheval parte comme il fe trouvera placé , n'étant point conduit , mais
fimplement embarraffé d'une maffe qui
le dérange à chaque inftant , en l'accablant par un balancement irrégulier ;
ce qui le fera changer de pied & fouvent fe défunir.

Le plus fatiguant pour l'animal ,
condamné à faire les volontés d'un tel
Cavalier , eft d'effuyer le choc de la
maffe qu'il a foulevée dans un temps de
galop , puis abandonnée en retombant
fur le fol , & qu'il rencontre dans
l'inftant qu'il s'élève de nouveau (1).

---

(1) Le cheval qui pourrait courir avec la

Je

Je ne finirais pas, s'il fallait dire la millième partie des chofes qu'il y a à dire fur ce fujet. J'obferverai feulement que ce n'eft pas uniquement pour le Cavalier qui monte fans principes que j'entends parler ; j'y comprends encore tous ceux qui, n'ayant pas reçu de bons principes, n'ont pu acquérir l'affiette, même après dix ans de travail & plus : il faut encore obferver, en paffant, que c'eft communément à ces perfonnes que l'on entend dire qu'ils ont une bonne main, les aides fines, qu'ils fentent leurs chevaux, & ne les

---

plus grande rapidité, fe trouve arrêté & confidérablement retardé dans l'étendue d'une carrière, quand il eft monté par une perfonne qui ne conferve pas fon à-plomb, parce qu'il fe trouve dans la néceffité d'employer une partie des forces qui auraient fervi à l'élancer, pour maintenir l'équilibre exact, qui l'empêche de tomber.

C

fatiguent point. Assertions aussi ridicules qu'absurdes, qui prouvent aux connaisseurs combien ils sont éloignés de posséder les qualités dont ils se vantent.

CHAPITRE III.

Moyens d'inftruire & affouplir en peu de temps un Cavalier.

AYANT placé un Elève au milieu de la felle, & dans la plus exacte pofition, (autant que fa conftruction & la roideur de fon corps pourront le permettre) fur un cheval fage, dont l'allure foit réglée, qui aura un bridon (1) & un caveffon, dont on tiendra la longe, pour que l'Elève, déja trop occupé de fa pofture, ne foit pas obligé de le conduire, & ne foit point expofé; on fera cheminer l'animal au très - petit pas, d'abord fur un grand cercle, obfervant d'arrêter & placer le commençant tou-

____

(1) Voyez, ci après, la manière de tenir le bridon & de s'en fervir.

tes les fois qu'il quittera sa position.
Il faudra toujours avoir le plus grand
soin de le faire asseoir , en exigeant
qu'il pousse ses fesses sous lui, comme
s'il vouloit prendre appui sur l'os sacrum. Il mettra les épaules bien quarrément sur la ligne circulaire qu'il doit
suivre ; même baissera & reculera un
peu l'épaule de dedans pendant deux
ou trois mois ; au bout duquel temps
on lui fera tenir la jambe de dedans
près du cheval , pour que cette partie
puisse acquérir le liant qui facilite le
mouvement à cette aide. On exigera
qu'il ait de temps à autre les cuisses ou-
vertes , tenant, s'il le peut , les genoux
à hauteur de la ceinture, les reins néanmoins pliés pour qu'il prenne promptement un bon à-plomb & un bon équilibre sur la tubérosité des ischions, qui
porteront dans ce moment toute la
masse. Il tiendra de même par fois le
bridon dans la main de dehors seule,

les rênes égales & séparées , le poignet
fermé , les ongles un peu en-deſſous à
hauteur , & à un pied de la cravate ,
pour qu'il perde ou ne contracte pas la
mauvaiſe habitude de s'attacher à la
main , & qu'il ait plus de confiance en
ſon aſſiette. En même temps qu'il fer-
mera la jambe de dedans , on exigera
qu'il porte celle de dehors fort en avant ,
baiſſant le talon qui doit ſe trouver
dans ce moment à l'épaule du cheval :
rien ne contribuera mieux à lui faire
prendre le fond de la ſelle. On doit
avoir le plus grand ſoin de lui recommander ſouvent de ſe grandir (1) du
haut du corps ou buſte ſans lever les
épaules ; & de ſe mollir en abandon-

---

(1) On doit entendre par ſe grandir , le
mouvement ou l'action qui élève le buſte , fait
plier les reins à un moindre degré , élever la
poitrine & augmenter la preſſion des feſſes ſur
leur baſe.

C 3

nant une partie de ses forces, qui s'op-
poseroient considérablement au jeu que
doivent prendre toutes les parties de sa
machine, pour qu'elles deviennent libres
& aisées. On exercera ainsi quinze jours
au pas à l'une & à l'autre main, puis au
très-petit trot, en suivant toujours les
mêmes principes. A la fin de chaque reprise, on augmentera l'allure, parce que
le corps étant un peu échauffé par l'é-
xercice, la confiance de l'Élève est plus
grande, & ainsi graduellement de plus
en plus chaque jour, proportionnément aux progrès qu'il fera, afin de les
accélérer.

Pour que l'Élève contribue à sa plus
prompte instruction, il faut qu'il soit
très-attentif à exécuter sur le champ ce
que lui démontre la personne qui lui
donne leçon ; & qu'il cherche aussi de
lui-même continuellement la position
qui l'unit le plus au cheval, toujours
sans se roidir ; qu'il prenne cette posi-

tion, & la conferve le plus qu'il pourra en voyageant ; qu'il ait les reins & le corps droits, étant debout, ou en marchant, la tête haute, la poitrine avancée ; que les deux pieds ne foient pas plus tournés en-dehors l'un que l'autre. Danfer, tirer des armes en fe fendant bien, voltiger, jouer à la paume, & généralement tous les exercices concourent unaniment à donner l'à-plomb & la foupleffe néceffaires pour bien mener un cheval.

Il faudra trotter, fuivant ces principes, au moins trois mois, une heure chaque jour, fur un grand cercle ; un mois avec la longe, & deux mois, le cheval conduit par l'Élève : enfuite fur des lignes droites, dans un quarré long, en étendant le trot, toutefois fans abandonner le cheval, ayant foin même de le ralentir, & foutenir pour paffer les coins où il pourrait s'abbattre & fe fatiguer les jarrêts. On fera bien plu-

tôt ferme à cheval, si l'on travaille deux
heures par jour, une le matin, une le
soir. Dans le premier cas, on doit trotter vigoureusement sept mois consécu-
tifs ; & cinq en exerçant deux heures
tous les jours, de même consécutive-
ment, avant que de rien entreprendre
pour dresser les chevaux.

Le bon âge pour exercer à cheval
avec succès, est celui de quatorze jusqu'à vingt-sept ans : on peut acquérir même jusqu'à trente ; mais au-
delà, on ne gagne plus que de l'à-
plomb (1). Il y a de jeunes gens dont
le corps est assez formé à douze ans
pour commencer alors ; mais il en
est d'autres qui ont les reins longs,

----

(1) Après trente ans les cartilages s'ossifient, & le corps, loin d'augmenter le jeu de
ses ressorts, le perd tous les jours de plus en
plus.

par conséquent foibles ; & l'exercice
du cheval pris trop-tôt dans ce cas,
c'est-à-dire avant dix-huit ans, pourrait retarder & même faire manquer
tout-à-fait l'instruction d'un Sujet semblable.

C 5

CHAPITRE IV.

Des Leçons qu'il faut donner aux chevaux pour les assouplir & dresser.

APRÉS les explications que j'ai données de l'effet méchanique du corps du Cavalier sur le cheval, (qu'il est essentiel de bien comprendre avant que de rien entreprendre pour l'éducation de cet animal), je vais expliquer dans les leçons suivantes les principes simples & raisonnés qu'il faut mettre en usage pour assouplir, dresser, soumettre & réduire à la plus exacte obéissance les chevaux, depuis le plus doux jusqu'au plus furieux.

Pour y parvenir, le Cavalier doit exactement observer ce qui suit : 1°. de ne jamais manquer de patience, &

de ne corriger dans aucun cas par un mouvement de colère, ni avec la moindre humeur; 2°. de ne rien exiger qui soit au-deſſus des forces de l'animal, lui donnant des leçons courtes, qu'il ſuive & qu'il entende bien, avant que de paſſer à d'autres; 3°. de ne demander que le moins poſſible, & toujours par degrés, obſervant d'obtenir peu ou beaucoup de la choſe qu'on exige de lui, avant que de rendre; & de lui donner, immédiatement après le mouvement qu'il aura fait, la récompenſe due à ſon obéiſſance & à ſa docilité; 4°. que les mouvements du Cavalier, qui donnent à entendre au cheval ce qu'on exige de lui, ſoient toujours les mêmes pour ne pas le mettre dans le cas de les confondre; ce qui le rendroit incertain; 5°. d'avoir ſans ceſſe égard à la force, à la ſoupleſſe, au caractère, aux habitudes ou à la franchiſe, à la mémoire, à la bonne conformation pour exercer conféquemment aux difpofitions qu'on doit appercevoir dans le Sujet qui travaille.

Celui qui eft vraiment homme de cheval, fent ou voit continuellement, par l'attitude & la pofition extérieure, ce qui occupe l'animal : par exemple, dans les mouvements plus ou moins actifs, relevés, réguliers ou non, lorf-qu'il fe retient ou fe raffemble ; les mouvements de tête, des yeux, des oreilles, de l'infpiration ou de l'expira-tion de l'air, qui fort avec plus ou moins de force des poumons : dans la manière de répondre, goùter ou mâ-cher le mords, grincer des dents, frap-per des pieds le fol, froncer & rider la peau près des nafeaux, fe gonfler, crier, fe plaindre, trembler de rage ou de peur, &c. Tels mouvements défi-gnent l'impatience, la colère, la haîne, la méchanceté, la fureur, la rage & le défefpoir ; tels autres caractérifent la force, l'adreffe, le courage, l'étonne-

ment, la frayeur, la pareſſe & la lâ-
cheté : d'autres encore ſont la preuve
non équivoque de la joie, de la gaieté,
exprimée par des cris, par la courſe ou
les bonds. Quant au henniſſement, il
n'a lieu que lorſqu'on ſépare un cheval des autres, ou lorſqu'il deſire
ſaillir une jument. Rien enfin ne doit
échapper aux yeux du connaiſſeur. Il
voit par le mouvement qui précède celui qui va ſuivre, comme ſi ce premier
mouvement était la cauſe du ſecond.
Il pourra donc en conſéquence parer
ou prévenir, rompre & détruire à ſon
gré ceux qui ſeraient nuiſibles ou de
trop, & en faire naître pour arriver au
but qu'il ſe propoſe. Le même cheval,
ſera donc toujours ſage & brillant ſous
un homme inſtruit, qui, ſous un ignorant, ſera dangereux par les défenſes
& les ſottiſes qu'il fera étant mal conduit.

LEÇON PREMIERE.

De la Longe.

JE suppose que le cheval qu'on voudra
faire cheminer à la longe, aura préalable-
ment été approché, ferré, monté à poil
par un Palfrenier, & accoutumé à souffrir la pression des sangles & de la selle
bien jointe sur son dos. On le fera conduire à poil sur un terrein uni, éloigné
du bruit, un caveçon à la tête. Une personne entendue tiendra la longe & une
chambrière. Si l'animal ne s'en effraie
point, on le flattera, & ensuite on le
chassera au pas sur un petit cercle. S'il
fait quelques pas avec assurance, il faudra l'arrêter & le flatter pour lui faire
comprendre qu'il a exécuté ce qu'on lui
demandait. On exigera ensuite qu'il fasse
deux ou trois tours, puis il faudra de

nouveau l'arrêter & le flatter ; après on
le fera cheminer à l'autre main autant
de tems, & avec les mêmes précautions,
avant que de le ramener à la droite par laquelle on aura dû le commencer pour affouplir fon encolure qui eft plus roide de
ce côté (1). Il ira quelques tours encore
avant qu'on l'arrête & qu'on le flatte,
pour qu'il faffe la petite paufe, connue
fous le nom de reprife, après laquelle on
recommencera la même leçon, en prenant toujours les mêmes foins. De-là,
on l'enverra à l'écurie pour recommencer

------

(1) Chacun fe mêle de faire trotter les chevaux à la longe, imaginant qu'il n'y a qu'à les
faire courir fur un cercle pour les inftruire &
les affouplir. La plupart de ces donneurs de
leçons font fi perfuadés que cette manière d'exercer doit produire le bon effet de dénouer, affouplir, plier & placer le cheval, que le plus
fouvent ils ne le regardent pas même aller, s'inquiétant peu de la pofition qu'il prend, pourvu
qu'il marche ou coure.

le lendemain; & ainsi de suite pendant huit jours, la même leçon au pas. On obſervera d'arrêter l'animal toutes les fois qu'il voudra s'enfuir ou ſauter par gaieté , en faiſant onduler la longe horiſontalement, & la tirant doucement à ſoi ; on le calmera avec les *holà* à voix baſſe. S'il s'arrête, ſoit par étonnement, ſoit par crainte, ou parce qu'il n'entend pas ce qu'on veut lui faire exécuter , il faudra le faire cheminer en ſe ſervant très-lentement des aides les plus douces pour ne point le ſurprendre , ſur-tout s'il eſt occupé de quelque objet hors du cercle. On doit avoir ſoin de ne lui rien demander que dans les inſtants où il ſera attentif (1). Les huit jours expi-

----

(1) Il n'eſt pas aiſé de le rendre attentif. S'il était poſſible de fixer toujours l'attention des animaux , on leur ferait faire des choſes étonnantes. Il eſt vrai que la crainte produit cet effet ; mais elle occupe tellement toutes leurs fa-

rés, on le fera trotter au petit trot fur un grand cercle; (il eſt à propos que ce ſoit toujours une ſeule & même perſonne, s'il eſt poſſible, qui lui donne leçon) : par ce moyen le cheval fera moins effrayé, en ce qu'il y aura plus d'accord dans les aides; à moins qu'il ne refuſe de ſe porter en avant : dans ce cas, une ſeconde perſonne chaſſera l'animal avec une chambrière, en frappant le ſol derriere lui ou en lui donnant de petits coups ſur la croupe. Il faudra, ainſi qu'à la leçon au pas, tirer

---

cultés, dans ce moment, qu'ils ſont preſqu'incapables de recevoir d'autres impreſſions. Si elle eſt occaſionnée par l'aide de la chambrière, l'animal cherche à s'en éloigner ſimplement, & non à obéir à ce qu'on lui demande ; parce qu'il ignore la récompenſe qu'on lui donnera, s'il obéit ; & qu'il ſait par épreuve qu'une gaule, un bâton ou un fouet élevés par ceux qui l'approchent, tombent toujours ſur lui d'une manière plus ou moins douloureuſe.

la tête & l'encolure en-dedans du cercle, & ne rendre la longe que quand l'encolure se pliera, & que la tête sera soutenue ; (action du Cavalier qui doit être faite bien à propos :) pour cet effet, il ne faut pas perdre de vue le cheval que l'on dresse, un seul moment. Dans les commencements, tous les instants sont précieux ; car il y a trois choses essentielles à observer, qui font que très-peu de gens sont en état de faire trotter à la longe, & de donner cette première leçon suivant l'exacte regle. Ces trois choses font : 1°. Qu'il faut s'occuper sans cesse, comme je l'ai déja dit, à distinguer la bonne ou mauvaise volonté du cheval ; des progrès que les leçons font dans sa mémoire, & de l'attitude où il tient son corps, pour qu'il devienne souple & liant, pour entretenir continuellement la croupe & les épaules dans une belle action, l'encolure pliée & la tête soutenue. 2°. Il ne faut point le sur-

prendre par des accoups avec la chambrière ou le caveſſon, mais l'occuper
par de petits mouvements récidivés, ou
avec la voix, ayant grand ſoin ſur-tout
de le finir avant qu'il ſoit fatigué. 3°. Il
faut l'animer par fois doucement & graduellement avec la chambrière pour le
chaſſer, s'il ſe retient en trottant; & l'é-
tendre proportionnément à ſa force, à la
ſoupleſſe qu'il aura acquiſe : ſur-tout que
ſa tête ſoit toujours ſoutenue & l'encolure pliée.

Afin de le confirmer dans le beau pli
qu'il doit prendre pour être bien placé,
il conviendra de lui rendre promptement la longe, & lui donner plus de
liberté, dès qu'il ſoutiendra ſa tête, &
qu'il pliera ſon encolure. Cela étant pratiqué bien à propos & à différentes re-
priſes, quand il prendra cette attitude,
cela, dis-je, lui donnera à entendre
qu'il ſera plus libre toutes les fois
qu'il ſe placera ainſi, en ſorte qu'on

verra souvent le cheval prendre à l'une
& à l'autre main cette pofition, comme
le feul moyen qui puiffe le mettre à fon
aife, & lui procurer la liberté dont on
lui a fait une récompenfe (1). Quand
l'animal aura trotté plufieurs tours d'un
même côté, on le fera changer de main,
en lui amenant la tête, l'encolure & les
épaules plus en-dedans qu'à l'ordinaire,
& en reculant pour lui faire couper le

---

(1) L'expérience prouvera que ce n'eft point
un raifonnement vague, lorfqu'on voudra fuivre
les principes que j'indique, en fuppofant néanmoins que l'on foit en état de juger de l'inftant;
ce qui eft une chofe indifpenfable dans tous les
différents degrés d'inftruction dont je parle. On
comprendra de plus, partant de ce principe, que
ce qu'on pratique fans foins & fans connoiffance
trouble l'animal, le fatigue inutilement, & lui
donne des fantaifies qui peuvent dégénérer en
vices capitaux. Voilà comme, dans l'éducation de
tous les êtres, tout eft un grand mal ou un grand
bien.

cercle. Lorfque le cheval foutiendra & battra bien fon trot d'un mouvement à-peu-près égal & avec vigueur, on le fera allonger fur la fin des reprifes, en le chaffant fouvent ; fur-tout s'il a de la difpofition à fe retenir, comme font plufieurs chevaux par pareffe (1).

On augmentera ainfi graduellement tous les jours, pour qu'il prenne, à cette leçon, le reffort, le jeu & la foupleffe dont il eft fufceptible. Quand il déploie bien fes membres pour embraffer le terrein, après l'avoir fait trotter pendant un mois, une heure par jour, dont demi-heure le matin & demi - heure le foir, ou d'un jour à l'autre, fuivant fa force ou vigueur, on pourra le monter avec

----

(1) C'eft encore ce qu'il faut difcerner ; car il y en a qui fe retiennent par crainte, par faibleffe, ou par ce qu'ils ont les pieds douloureux.

les précautions expliquées dans les leçons suivantes (1).

---

(1) On fera furpris que je n'aie pas dit d'élargir la croupe , comme le répètent fi fouvent les
Auteurs qui donnent quelques règles pour exercer & affouplir un cheval. Pour juftifier ce filence , je donnerai pour raifon (& j'offre à le prouver) qu'il eft phyfiquement impoffible à un cheval
quelconque d'étendre fon trot fur un cercle,
fans que l'arrière-main ou croupe ne foit plus
éloignée du point central que les épaules qui la
précèdent ; parce que, l'arrière main-chaffant &
élançant la maffe, foit au trot ou au galop, fur
une ligne droite , ce ne peut être qu'en éloignant
les hanches du centre & en fe couchant en-dedans plus ou moins, felon la viteffe de la courfe,
que les chevaux qui exerçent fur les cercles
pourront y tenir les épaules. Il feroit donc auffi
inutile que ridicule de recommander d'éloigner
& élargir la croupe avec la chambrière.

LEÇON SECONDE.

Avec la longe le cheval monté.

Tous les êtres senfibles ont en eux la faculté de difcerner & fuir ce qui leur paroît tendre à leur deftruction, & de rechercher avec avidité ce qui tend à leur plaifir ou fimplement à leur confervation. Le plus ou le moins de fenfibilité dans leurs organes, & les épreuves journalieres qu'ils font fur les fluides & les folides qui les environnent, les mettent à même de juger ce qui leur eft, du plus au moins, propre ou nuifible ; pourquoi & comment il faut fuir l'un & s'approcher de l'autre, &c.

Ces organes étant chez eux à un grand degré de perfection, il ne faut pas être furpris qu'ils aient une connaiffance des corps auffi exacte & auffi parfaite que

celle qu'ils ont (1). De-là, leur attention continuelle à la quantité ou espece
de mouvement, leur crainte, la finesse
du tact & l'exécution ou obéissance rapide du cheval, par exemple, à l'action
du Cavalier, qui précède le châtiment
ou la récompense qu'il reçoit, dès qu'il
se prête bien ou mal aux mouvements
que nous faisons pour lui faire connaître nos volontés (2).

---

(1) Ce n'est point pour philosopher ; mais
pour faire connaître mes moyens, les démontrer
par la marche uniforme de la nature, & expliquer mes principes d'une manière aussi simple
qu'elle m'a paru vraie, que je parle de l'organisation des animaux.

(2) Une fois qu'ils ont reconnu les mouvements qui font entendre nos volontés, & que
la manière de leur demander les a rendu, par
le châtiment ou la récompense réitérée & donnée à propos, attentifs à les observer, il faut
être bien persuadé qu'aucun ne leur échappe,
& qu'ils se gravent dans leur mémoire d'une ma-

Ne

Ne pouvant nous faire entendre des animaux par des phrafes, il a fallu avoir recours aux fignes qui, pour être intelligibles, doivent être toujours les mêmes, excepté qu'on peut les faire plus ou moins forts felon les befoins & les circonftances. Une chofe indifpenfable à obferver, eft la continuité de ces fignes & la jufte application qu'il faut en faire dans tels ou tels inftants. Voilà *le grand art & le je ne fçais quoi*, dont fe fervent à chaque inftant les maîtres pour fe débarraffer des importunes queftions que leur font les Elèves qui defirent s'inftruire, dans la fauffe perfuafion où font les premiers (quoique menant & dref-

---

nière ineffaçable. Raifon très-forte pour nous obliger à ne rien faire de trop ni de trop peu, à n'être pas entreprenant fur un animal qui met tout à profit, parce que n'agiffant qu'au moyen d'idées fimples, fa mémoire n'eft troublée par aucune efpèce de réflexion.

D

sant supérieurement les chevaux) que l'équitation est une chose qu'on ne peut point rendre (1).

Pour se convaincre de ce que je viens d'avancer, il ne faut que lire les Traités de Cavalerie qui ont paru, où l'on verra, d'après ce que les Auteurs racontent, qu'ils ont fait exécuter des choses très-étonnantes aux chevaux, sans qu'ils aient pu expliquer & faire connoître la cause qui produit ces effets. Tout au moins sommes-nous en droit de le penser, puisqu'ils n'ont rien dit à ce sujet. Comme il aurait été important, pour accélérer les progrès dans cette science, qu'ils fussent entrés dans des explications qui pussent être senties, je vais, à leur défaut, y suppléer de la manière la plus simple & la plus claire qu'il me sera possible. Pour cet effet,

---

(1) J'aimerais autant que l'on donnât pour solution, *Dieu l'a voulu ainsi.*

j'établirai ma base sur les principes connus des besoins des animaux, je veux dire, de tranquillité & de bien-être (1).

---

(1) Les animaux conduits uniquement par leurs besoins, ne s'occupant qu'à boire, manger, fuir le froid & la trop grande chaleur, à s'accoupler, à rechercher la compagnie de leurs espèces ou autres approchantes, ne prennent pas grand intérêt à ce que nous exigeons d'eux pour notre agrément ou notre utilité. Ils doivent même s'y opposer; mais ils fléchiront, si les châtiments ou la récompense employés à propos, leur font sentir comme une chose indispensable à leur tranquillité & à leur bien-être, la nécessité d'agir à notre gré, selon leur pouvoir. Bien entendu cependant, que la peine qu'ils pourraient prendre, en obéissant, n'excédera pas la crainte qu'on leur aura inspirée du châtiment, en ce qu'il est naturel à tous les êtres sensibles de choisir ce qui est le plus convenable au bien de leur exis-tence.

P R I N C I P E S.

Je suppose que le cheval est dressé au montoir; on le promenera au très-petit pas ; le Cavalier qui le monte le conduisant sur un grand cercle autour d'une personne qui tiendra, avec soin, la longe d'un cavesson qui doit être à la tête du cheval pour le contenir & parer quelques défenses, en faisant onduler la longe avec plus ou moins de force, suivant le besoin, en la tirant même fortement à lui, sur-tout s'il faisait des pointes qui sont toujours dangéreuses. (1) S'il s'arrête, il faut le détermi-

----

(1) Les moyens que j'indique ici ne doivent être mis en usage que pour un cheval devenu ramingue, pour avoir été mal mené & tourmenté par un ignorant. Car de la part d'un jeune cheval que l'on aura commencé à instruire suivant mes principes, mis en pratique par une personne entendue, il ne doit point être question de défenses.

ner en avant avec la chambrière & la gaule. On le promènera deux ou trois jours à une main & à l'autre, fans exiger autre chofe de lui ; puis on le fera trotter, commençant toujours par lui faire reconnoître le terrein, au pas, aux deux mains. Ce doit être la jambe du Cavalier qui, d'accord avec la gaule, faffe partir le cheval au trot ; voici comment : on approchera doucement la jambe, en baiffant un peu les deux mains dans le moment où l'on voudra frapper de la gaule ; elle s'approchera, dis-je, & preffera un peu fur le ventre ; ce qui, répété trois ou quatre fois à propos, fera croire à l'animal que c'eft la jambe qui frappe, & dès qu'elle s'approchera à ce degré, il fe portera en avant. On en ufera de même aux deux mains, foit au pas ou au trot. Dès cet inftant, le Cavalier doit fe reffouvenir de cette fenfibilité & de la facilité du cheval à l'entendre, qu'il faudra non-

feulement entretenir, mais augmenter
par degrès, en le réveillant difcrettement de tems à autre, fuivant le befoin. Ceci fe pratiquera deux ou trois
jours avec le caveffon; après lefquels on
le mènera en liberté. Alors on doit chercher à plier l'encolure fans force & très-
doucement. (1) Pour y parvenir, on
tiendra le bridon des deux mains, les
ongles un peu en-deffous, les deux poignets affez loin l'un de l'autre pour que
les rênes du bridon ne portent pas fur
l'encolure, ce qui en empêcherait l'effet. On foutiendra les mains pour mar-

---

(1) C'eft ce que quelques Auteurs ont écrit;
mais en difant, il faut faire telle ou telle chofe,
ils n'ont point dit à quel degré, dans quelle
circonftance; ce qu'on doit faire à tel ou tel
cheval, comment il faut s'y prendre pour les
réduire; les preuves que ce qu'on pratique pour
les dreffer, produit tel ou tel effet; ils n'ont
donc pas inftruit ceux qui ne l'étoient pas.

quer un léger demi-arrêt, en éloignant
un peu plus celle de dedans, c'eſt-à-dire,
de tout ce que le pli de l'encolure peut
donner. Le cheval ſe pliera ſur-tout en tirant, par de petits mouvements prompts,
la rêne du bridon. La main de dehors
aura, en s'aſſurant, contenu l'animal
droit, en empêchant les épaules de ſuivre l'encolure; au ſurplus, ſi elles étoient
un peu tombées, comme dès que le cheval eſt plié, il faut marquer un léger
demi-arrêt, elles ſeroient alors rame-
nées ſur la ligne où elles doivent être
par rapport aux hanches. (1) Cela fait,
& dans l'inſtant même, on lui rendra un
peu de liberté, en diminuant la douleur

---

(1) On marque le demi-arrêt après avoir plié
l'encolure, pour ramener le bout du nez bien
perpendiculairement ſous l'oreille droite ou gauche du cheval ſelon le côté ou il aura été plié,
& lui lever un peu la tête, l'encolure, ainſi que
les épaules.

D 4

cauſée par la preſſion du mords du bridon, & on lui ôtera en même temps la
crainte qu'il a de la jambe qui a dû s'approcher des flancs en la laiſſant doucement tombèr; ce qui, répété pluſieurs
fois à propos, donnera à entendre à l'a-
nimal que c'eſt ce qu'on deſire de lui.
Ceci, bien entendu, doit ſe pratiquer
aux deux mains toutes les fois que l'encolure perd ſon pli & que le cheval n'eſt
plus droit. Les jeunes chevaux qui ont
continuellement des envies d'aller, fa-
cilitent beaucoup le Cavalier qui cherche à les aſſouplir, en profitant adroitement de cette activité pour régler l'allure, les plier & les ten.. droits. Il eſt
facile à comprendre que ceux qui mar-
quent des temps d'arrêt ſans obtenir le
plus ſouvent ce qu'ils demandent, &
rendent ſans à-propos, détruiſent dans
un mouvement ce que le haſard aurait
pu produire de bien dans un autre; donc
il eſt indiſpenſable de bien ſentir ſon

cheval pour s'appercevoir de sa bonne ou mauvaise attitude, afin, dans le premier cas, de donner la récompense, soit en se relâchant, soit par l'action de rendre, & de corriger ou réformer dans le second. C'est ce qui fait qu'un cheval n'acquerra rien sous quelques personnes, & plus ou moins sous d'autres, suivant que les principes sont bien ou mal appliqués, suivis avec exactitude & bien sentis (comme je l'ai dit en nombre d'endroits de cet essai:) c'est aussi ce qui fait qu'un cheval qui semble à l'un bien dressé, paraît à l'autre avoir encore beaucoup à acquérir. Il en est de cela comme de la maniere de voir & de discerner la justesse des sons, des proportions, les nuances des couleurs ; ce sont les connaissances, une pratique raisonnée, & la bonne organisation qui mènent à la perfection possible aux hommes dans tous les genres (1).

____

(1) Il y a chez les hommes des différences

On fentira, j'efpere, par ce que je viens de dire, qu'il eft de toute néceffité d'avoir continuellement attention aux différents mouvements du cheval que l'on éduque pour n'en laiffer échapper aucuns fans réfléchir fur le bon ou mauvais effet qu'ils produifent, eu égard à l'inftruction de l'animal pour y remédier fur le champ, & même les prévenir, s'ils font déplacés, en mettant en pratique les principes fimplifiés que j'indique.

Précis de ce qu'il faut obferver.

1°. Aller lentement & long-temps pour avoir plus de facilité à placer le cheval & lui former la mémoire dans une allure aifée qui l'occupe & le fati-

---

fources de nos erreurs, qui, fe réuniffant d'abord à la haute opinion que nous avons de ce qui vient de nous, nous portent fouvent jufqu'au ridicule, & nous rendent plus à plaindre qu'à blamer.

gue le moins, telle que celle du pas.
2°. Obtenir plus ou moins de la chofe
qu'on lui demande, avant de lui faire la
petite récompenfe dont j'ai parlé. 3°.
Ufer difcrettement des aides, très-rarement des corrections, & encore moins
des châtimens, fur-tout dans les commencements, parce que non-feulement
ils n'entendent pas bien ce qu'on leur
demande, foit par la nouveauté de la
chofe, foit par la manière équivoque
dont fe fert le cavalier pour lui faire
connaître fes volontés ; mais auffi parce
que l'animal, n'étant point confirmé dans
les principes, peut chercher à s'en éloigner par diftraction ou par ennui ; fans
compter la faibleffe qui fouvent le fait
fouffrir en exerçant. 4°. N'employer
prefque point de force lorfqu'on approchera la jambe pour le porter en avant,
pour diligenter fon allure, de forte que
la croupe refte droite ; car fi elle tom-

D 6

boit du côté oppofé à la jambe, fa marche ferait retardée, il perdrait une partie des forces qu'il a lorfqu'il eſt droit,
& mettrait le Cavalier mal à fon aife.
(1) Dans ce cas, on fentira davantage la
rêne de dehors, & même l'on approchera l'autre jambe doucement pour le
redreffer & le porter en avant dans les
deux. Il arrive ordinairement aux chevaux qui fe retiennent, plutôt qu'aux
autres, de fe traverfer lorfqu'on emploie
l'aide de la jambe; à moins que ces der-

-----

(1) Ce feroit ici le lieu de donner des raiſons
pour décider la difcuffion arrivée de nos jours,
concernant les aides d'une jambe ou de toutes
deux; mais comme je traite des aides en général & en particulier à la fin de ce Volume,
je me bornerai à dire que, fi le Cavalier n'a point
attention de contenir le cheval avec la rêne de
dehors lorfqu'il veut le porter en avant d'une
feule jambe, il pourra très-fort fe traverfer & fe
défunir s'il part au galop.

niers n'aient été mal commencés, & qu'ils
n'aient contracté cette mauvaife habitude en exerçant fous un ignorant ; car
les chevaux ne font en tout que ce que
nous les faifons (1).

Les Écuyers qui favent tirer parti de
leurs rênes, entretiennent les chevaux
dans la ligne, & les redreffent lorfqu'ils
fe traverfent, fans faire aucun ufage des
jambes, finon pour les porter en avant

---

(1) Si les chevaux ne font, en fait d'inftruction, que ce que nous les faifons, ce doit être
une forte raifon pour ne rien pratiquer d'inutile
fur eux en les exerçant, & c'en doit être une
pour moi de répéter fans ceffe qu'il faut prêter
la plus grande attention aux mouvements de
l'animal qui agit d'après l'impreffion de ceux du
Cavalier pour appliquer à propos la récompenfe
ou le châtiment, puiffance qui foumet, affouplit,
dreffe & rend agréables les chevaux qui auroient
été très-dangereux fans le fecours de bons principes.

avec l'une ou l'autre, felon le côté où ils travaillent. On tiendra le cheval à la leçon au pas & au trot fur les cercles, fuivant fes difpofitions, pendant un mois, en travaillant une heure chaque jour ; après lequel temps on exercera fuivant les mêmes principes, fur des lignes droites, en cheminant de temps à autre fur des cercles pendant deux mois encore, cherchant fimplement à placer, régler l'allure, tenir droit & d'àplomb le corps du cheval fans entreprendre de le raffembler ou le contraindre. Dès qu'on fentira qu'il voudrait de lui même fe raffembler, on l'étendra fur des lignes droites d'un trot allongé fans néanmoins l'abandonner fur fes épaules. Cette leçon & la précédente ne devant fervir qu'à ce qu'on appelle *débourrer les chevaux*, il ferait nuifible d'admettre des temps de piaffer ou croifés ; ils ne font propres qu'à flatter les ignorants qui paffent leur vie à ruiner & défefpé-

. rer les malheureux chevaux que le fort amène dans leurs cruelles mains (1).

Paſſons à la troiſième leçon.

---

(1) Les demi-Savants veulent toujours raſ-ſembler, paſſager ou piaffer, ſans ſe mettre en peine ſi le cheval eſt placé & aſſoupli au point où il convient qu'il ſoit pour exercer à ces airs. Le Cavalier, outre cela, eſt ſouvent très-mal en ſelle ; ce qui concourt, avec ce que je viens de dire, à l'aviliſſement du cheval.

LEÇON TROISIEME.

Avant que d'entrer en matière, je dois renvoyer mes Lecteurs à ce que j'ai dit de l'assiète, mobile de tous les progrès que peuvent faire le Cavalier & l'animal qu'il desire instruire. Je crois avoir prouvé dans la posture d'un homme de cheval, comparée à celle d'un Cavalier qui n'a pas exercé avec principes, qu'une personne, quoiqu'un peu d'à-plomb, mais qui n'a point été assouplie, ne saurait sentir & juger jusqu'à quel point on peut & on doit tenir renfermé un cheval sans le fatiguer ni le gêner ; &, outre cela, que le mouvement involontaire de ses poignets & de ses jambes, causé par celui du corps qui est occasionné par le choc de la selle contre les tubérosités des ischions, ou, pour être mieux entendu, contre les fesses, au pas par le balancement du corps , & dans les allures plus élevées par l'éloignement des feſſes, de la ſelle ou du corps du cheval , dérange à chaque inſtant ſon équilibre. Il eſt aiſé, après ces preuves, d'imaginer qu'un tel Cavalier ne peut tenir ſon cheval qu'à huit pouces, au plus, du vrai & léger point d'appui, & que, joint à cela, il donnera encore par fois des ſaccades qui occaſionneront, de la part de l'animal ſenſible , des coups de tête, des irrégularités dans ſon allure, même le déſordre & les défenſes,&c; pendant qu'un Cavalier liant, ſouple & très-ſenſible dans l'organe univerſel du tact, pourra, ſans incommoder ni donner la plus légère inquiétude au cheval, tenir le mords à une ligne de la ſenſibilité de l'animal, ainſi que ſes jambes; & par ce moyen contenir , prévenir, unir, parer les défenſes, & raſſembler ſans qu'on apperçoive ſes mouvemens. Par la comparaiſon, dis-je, que j'ai faite de ces deux Cavaliers, on de-

— vine déjà la leçon qu'il faut donner au cheval pour le rendre agréable. Pour expliquer mes moyens, il eſt tout ſimple que je préfere le ſecond, qui doit être ragardé comme homme de cheval ſans reſtriction, parce qu'il le tient de ſi près que rien ne lui échappe ; de-là vient la grande connaiſſance qu'il en a, & la grande ſoumiſſion de l'animal à ſes volontés rendues par tous ſes mouvements.

PRINCIPES.

Soit ſur des cercles ou ſur des lignes droites au pas écouté ou au trot, le cheval placé toujours avec le bridon, on aura ſoin de marquer de temps à autre des demi-arrêts en lui donnant un peu d'action, & en le renfermant, c'eſt-à-dire, en retenant l'avant-main avec les rênes du bridon, & en chaſſant les hanches deſſous avec la jambe de dedans. L'animal répondant, ſans ſe traverſer, à ces mouvemens, prendra avec le Cavalier qu'il porte un à-plomb plus parfait qu'en allant d'un pas ou trot lâche, & aura conséquemment plus d'ensemble dans ses mouvements; à l'inftant même il faudra lui rendre le bridon, & s'unir de plus en plus à lui pour le mettre plus à fon aife, ce fera lui donner la récompenfe dûe à fon obéiffance & qui doit la fuivre. Si le cheval s'était déplacé ou traverfé, il faut bien fe garder de rendre avant de réparer cette fauffe attitude, fans quoi l'on peut s'attendre à le voir ou à le fentir déplacer & fe traverfer toutes les fois qu'on emploiera les moyens néceffaires pour le raffembler. (1) Ce principe bien entendu, il eft fa-

---

(1) Toute l'Equitation tient aux récompenfes données à propos, car fi dans l'exemple ci-deffus on récompenfe l'animal quoique raffemblé, quand il eft déplacé, il pourra croire que c'eft non-feulement parce qu'il s'eft raffemblé, mais auffi parce qu'il a fauffé fon encolure ou forti fon

cile de comprendre qu'avec les soins
dont j'ai parlé plus haut, on dreſſera les
chevaux à toutes ſortes d'airs. Par exemple, veut-on ſimplement tenir un cheval droit, bien placé & la tête bien aſſurée, il n'y a d'autres ſoins à prendre
que de marquer des demi-arrêts; &
lors qu'après l'avoir placé & mis droit
ſur une ligne, il vient à ſe déranger de
l'exacte poſition (ce qui arrive ſouvent
dans les commencements) ne rendre que
quand on l'aura remis, c'eſt-à-dire, quand
il ſera bien placé, bien d'à-plomb &

corps de la ligne en ſe traverſant. Pour ſe convaincre de cette vérité, qu'on eſſaye de rendre
dès qu'il fauſſera ſon encolure, en attendant
qu'il ait réuni ſes forces en ſe raſſemblant; on
s'appercevra quelque temps après, qu'il prendra
de lui-même cette fauſſe attitude, cherchant
par-là à mériter la récompenſe accoutumée.
C'eſt donc une raiſon pour être conſéquent &
ne rien faire qu'à propos ſur les chevaux qu'on
veut éduquer.

bien droit d'épaules & de hanches : il faudra donner un peu plus d'action & chasser davantage les hanches dessous à ceux qu'on voudra rassembler & asseoir. Voici ce qu'on doit sentir dans ce cas. Je suppose le cheval droit & placé ; on chassera les hanches dessous avec la jambe de dedans, en soutenant lentement & graduellement les mains (1). Lorsqu'on sentira que le devant de l'animal rassemblé devient léger, il faudra lui rendre & diminuer la pression de la jambe bien à propos. Par ce moyen simple, on l'amènera au point d'union, de ressort, de grace & d'action dans ses mouvements, où l'on le desire ; car une partie de ses forces qui étoit employée à le chasser & à l'étendre en avant, servira à donner de l'activité à ses membres. Il les relèvera plus haut, &

____

(1) Voyez Aides, chapitre XI.

avec plus de précision & de grace ; il
fera plus agréable, en ce que le Cavalier fe fervira de plus en plus finement
de fes aides, & qu'il augmentera fes
refforts par le brillant de fon action, où
on doit l'amener dans cette leçon, qu'il
faut pratiquer deux mois avant de paffer à la fuivante, en exerçant d'un jour
à l'autre.

LEÇON QUATRIEME.

ON continuera pendant quelques jours de donner, au trot dans le droit, ainſi que je l'ai expliqué, de la légèreté, de l'union & du brillant au cheval toujours en bridon, en finiſſant la leçon au pas écouté ſur un grand cercle (1). Après avoir travaillé aux deux mains ſur le

---

(1) Mr. de Vandeuil, quoique bon Ecuyer, ne diſait autre choſe aux Elèves qui allaient exercer ſous lui, que le mot de *brillant* : du brillant, repétait-il ſans ceſſe. L'idée qu'il attachait à cette expreſſion, était ſans doute : placez, tenez droit, rendez léger & adroit le cheval qui exerce ſous vous ; ſans que vos aides ſoient apperçues par les Spectateurs autrement que pour embellir votre aſſiette. Idée qui ne pouvait être ſentie que par un Elève inſtruit qui n'avait pas beſoin de cet avis.

cercle, on arrêtera les épaules en les amenant en-dedans, & en ſentant un peu plus d'appui ſur les lèvres avec la rêne de dehors, en même temps la jambe de dedans chaſſera doucement la croupe ſans inquiéter le cheval. Le corps du Cavalier doit reſter, pour cet effet, bien droit & d'à-plomb pour ſuivre bien exactement ſes mouvements. Dès que l'animal aura fait un ſeul pas croiſé chevalant les jambes de dedans ſur celles de dehors, on lui fera la récompenſe accoutumée, en diminuant la preſſion ſoit de la jambe, ſoit du bridon, d'une ligne ſeulement pour le reprendre l'inſtant d'après, & pendant qu'il eſt encore en mouvement, prenant les mêmes ſoins à chaque pas croiſé qu'au premier, & ainſi de ſuite dix ou douze pas à la même main, & autant à l'autre par les moyens contraires, obſervant de changer de main en le tenant droit, comme

je

je l'ai dit ci-devant, ensuite on l'enverra
à l'écurie (1).

Il faudra persévérer à finir la dernière
reprise de même sur le cercle, l'épaule
en-dedans pendant huit ou dix jours,
puis on le fera changer de main dans le
cercle, l'épaule toujours en-dedans sans
arrêter. Comme la croupe, dans le changement de main, se trouve en-dedans de
l'autre côté du cercle, on la tiendra un

---

(1) A mesure que le cheval s'instruit & entend le Cavalier, il faut rendre la récompense
plus rare, & de plus en plus chaque jour, pour
s'épargner des soins & éviter d'être continuellement en mouvement, comme le font certaines
personnes, dont les connaissances sur l'Art de
dresser les chevaux sont très-bornées : car rien
ne prouve autant l'ignorance, que la manie qu'ils
ont de rendre & retenir à chaque instant sans
sujet ; parce que non-seulement il n'y a que les
à-propos qui peuvent dresser les chevaux ; mais
encore tout autre mouvement nuit, retarde &
& même fait manquer l'instruction.

E

tour ainsi avant de travailler à l'autre
main ; ce qui, étréciffant le derriere,
fera élargir le devant & cheminer beaucoup plus les épaules ; obfervant, dans
tous les cas, de faire toujours cheminer
l'avant ou arrière-main, quoique l'une
ou l'autre de ces parties fe trouve avoir
moins de chemin à faire dans la révolution felon le terrein qu'alternativement
elles ont à parcourir. On en ufera de
même pendant dix à douze jours encore
& davantage, fuivant que l'animal aura,
par la foupleffe de fes membres, acquis
plus ou moins de facilité : ce qu'on appercevra dans fon action régulière &
fuivie, dans les mouvements de fes jambes plus ou moins élevées, plus ou
moins croifées fans fe toucher les fabots
ni les genoux, fans fe déplacer ni chercher à fortir de la ligne du cercle en fe
portant en avant ou en arrière ; enfin,
dans fon exactitude à répondre aux aides les plus douces, ce qui doit faire

juger qu'il n'eſt pas contraint & qu'il ne ſouffre pas (1). Si ſon action eſt régulièrement ſuivie, ce ſera une preuve

---

(1) Il eſt impoſſible de preſcrire le temps ou l'animal doit paſſer d'une leçon à une autre. C'eſt l'intelligence du Cavalier & ſon habileté qui peuvent en faire décider plus ou moins bien : car il faut voir le cheval, ou le ſentir dans la main où dans les jambes, pour juger de ce qu'il ſait faire. On ne peut donc ici parler que des ſignes indiqués par le mouvement, qui annoncent que l'animal eſt diſpoſé à paſſer à d'autres leçons. A l'égard de ce qu'ont dit les Auteurs d'Equitation, concernant les parties qui s'aſſoupliſſent à cette leçon relativement à l'appui de l'une ou l'autre d'elles, je penſe (& il ſerait aiſé de le prouver en exerçant) qu'elles s'aſſoupliſſent toutes dès qu'elles ſont mues, non pas au même degré, puiſque c'eſt le plus ou moins de mouvement, le plus ou moins de roideur, occaſionné par le poids bien diſtribué ou la contrainte, qui en décide. Voilà pourquoi il faut charger ou allégir à propos les parties qui exercent ou agiſſent.

E 2

non-équivoque de sa souplesse, de son
à-plomb, de sa force, de sa vigueur. La
même raison existe pour le mouvement
de ses jambes : si l'animal était trop
contraint, & qu'il ressentît de la douleur, il se déplacerait, traînerait ses
pieds, se donnerait des atteintes, baif-
ferait ou léverait la tête, travaillerait
tantôt plus vîte, tantôt plus lentement,
& finirait par se défendre, si la peine
qu'il ressent outrepassait celle du châtiment qui suit ordinairement sa déso-
béissance (1).

L'animal ayant donc la souplesse nécessaire pour exécuter ce qui vient d'ê-
tre dit, on le ménera l'épaule en-dedans

---

(1) Il existe une tendance naturelle imprimée
à tous les animaux pour la conservation de leur
être, soit dans l'usage qu'ils font des aliments,
soit par les épreuves des causes capables de dé-
praver ou de détruire ce qui entretient chez eux
le principe vital.

aux deux mains fur des lignes droites pendant dix ou douze jours encore, obfervant toujours de ne point l'excéder de fatigue, & de le troter par fois dans le droit. En diverfifiant ainfi fon exercice, il fera moins tenu dans la crainte, & on le mettra plus à fon aife. Cette leçon bien donnée, on s'appercevra d'abord comme l'animal en peu de temps eft devenu plus adroit, plus léger, plus fenfible aux aides, conféquemment plus agréable. De-là, le plaifir que l'on prend à dreffer les chevaux, qui vient de voir fructifier fes foins & de l'efpece de converfation qu'on a avec eux en les exerçant, par le moyen des fignes qui leur font connoître nos volontés ; des découvertes que l'on fait fur la diverfité des caractères, fur leur mémoire, fur ce qui les occupe en tel ou tel inftant, fur l'effet que produifent les récompenfes ou les châtiments rendus par tels ou tels mouvements ; enfin, du triomphe qu'il

E 3

y a à diriger, vaincre & foumettre à la plus exacte obéiffance, un animal dont la force, le brillant & la fierté en impofent tant à ceux qui ne le connaiffent point, & qui n'ont pas l'adreffe ou puiffance de le réduire (1).

---

(1) On aurait tort d'être étonné que les Ecuyers aient tant de fujets de fe paffionner pour l'exercice du cheval. Je pourrais ajouter beaucoup de chofes à ce que je viens de dire fur le plaifir que l'on prend en équitant; mais comme il n'eft bien fenti que par ceux qui le connaiffent, je me bornerai à dire que le Philofophe & le Naturalifte en trouveraient beaucoup, s'ils connaiffaient cette partie, outre l'avantage qu'ils auraient de fe procurer ou entretenir la fanté : car il n'eft point d'exercice plus propre à fortifier les plus foibles conftitutions, tant de l'un que de l'autre fexe.

LEÇON CINQUIEME.

ON se servira encore du bridon dans cette leçon ainsi que dans les précédentes, en exerçant le cheval au pas & au trot, suivant les mêmes principes que ci-devant pour le disposer au galop. On divisera le travail en trois reprises, l'une au pas, l'autre au trot, & la troisième mêlée du trot & du galop (1).

---

(1) On ne doit faire galoper un cheval que quand il est bien droit & bien uni au trot. S'il n'était pas droit, les temps d'arrêt que l'on marquerait, ne portant pas également sur les deux hanches, produiraient peu d'effet & fatigueraient les jarrêts que l'animal emploierait pour se retenir & soulager les épaules chargées & accablées de la masse élancée. Il ne saurait pour cette raison galoper avec la cadence qui caractérise le beau & agréable galop.

A la reprise au pas, on prendra les changemens de main de deux pistes; voici comment : supposons un quarré long où les changemens de main soient marqués; dès qu'on sera arrivé sur la ligne, on soutiendra les deux mains à droite. Si l'on travaille de ce côté, pour y porter les épaules que l'on ralentira pour donner le tems aux hanches chassées & contenues par les deux jambes, concurremment avec les mains, de suivre, l'animal cheminera obliquement à droite, les épaules précédant les hanches, de même qu'à la leçon de l'épaule en-dedans, & de la croupe ou tête au mur. On observera de donner, en cheminant très – lentement, la même récompense à chaque pas, qu'à la leçon expliquée de l'épaule en - dedans aux cercles; même d'arrêter & flatter de la main, s'il en était besoin; puis par degrés d'exiger qu'il diligente son allure, (bien entendu après quelques jours de travail, aux deux piftes.) On emploiera le plus rarement & le plus finement poffible, les aides, pour rendre l'animal plus agréable & plus facile à mener. On augmentera un peu plus l'action au moment où l'on quittera la ligne diagonale du changement de main : immédiatement après que l'animal fera droit fur la ligne du quarré, on le placera à la main où il va travailler, pour lui faire prendre le coin, des épaules & des hanches (1).

Après que le cheval aura exercé quelque tems avec une certaine précision, en n'ufant fur lui que très-rarement des aides les plus douces & les moins apparentes ; on pourra n'employer que l'aide du corps ; car il eft tout fini-

---

(1) Quand on paffe un coin, il faut que l'arrière-main fuive la ligne ou la pifte que l'avant-main a tracée, en cheminant toujours également avec l'une & l'autre partie.

E 5

ple qu'ayant paſſé par toutes les inſtruc-
tions expliquées ci-devant, on ne doit
plus ſe ſervir que de cette aide, connue dans les manèges ſous le nom
d'aide ſecrette, avec l'aide de la langue, d'inſtant à autre ſeulement, juſqu'à ce qu'il obéiſſe bien exactement
à l'autre (1). Ainſi donc cheminant
ſur deux piſtes dans un changement
de main de droite à gauche, pour
faire marcher les hanches ſans l'aide
de la jambe, on formera un demi-arrêt en ſe grandiſſant du haut du corps,
ſoutenant les deux mains pour fixer les
épaules un inſtant : on fera un appui
ſur la feſſe gauche, qui ne peut augmenter de ce côté, ſans que la feſſe
droite, qui avant ce mouvement avoit
le même degré de gravité que la gauche, n'en perde en proportion égale ;
conſéquemment la feſſe gauche, ap-

____

(1) Voyez Aides, Chap. XI.

puyant sur la hanche gauche de l'animal, & la droite diminuant la preſſion,
il obéira , pour peu que les mains s'accordent avec cette puiſſance , & d'autant plus facilement que depuis long-
tems le cheval finement exercé doit
avoir ſenti cette preſſion, tout au moins
en paſſant les coins , eu égard à la difficulté qui oblige un bon Cavalier de
ſe ſervir de tous les moyens pour ſe-
conder la bonne volonté du cheval.
Que la preſſion ſe faſſe ſur les étriers
par l'appui des pieds , ou ſur la ſelle
par celui qu'on peut faire avec les feſſes ; l'effet ſera preſque égal : on ſentira ſeulement que la preſſion ſur les
étriers dérange tant ſoit peu la bonne
aſſiète , pendant que la preſſion des feſſes y ajouterait , s'il était poſſible. On
juge bien que l'on arrêterait les hanches, ſi elles diligentaient trop, en uſant
des moyens contraires à ceux que je
viens d'expliquer. Il eſt naturel d'ima-

E 6

giner auſſi que ce doit être des mouvements oppoſés à ceux dont on ſe ſera
ſervi pour changer de main de droite
à gauche , que l'on emploiera de gauche à droite, pour parvenir à faire cheminer l'animal de deux piſtes, avec les
aides du corps dans un ſecond changement de main.

Ayant exercé ainſi au pas pendant
huit ou dix jours , on pourra prendre
les changements de main de deux piſtes au trot raccourci & battu avec action , le cheval bien *dans la main &*
dans les jambes : en même tems qu'on
travaillera au trot, il faudra l'inſtruire
au pas à bien exécuter les contre-
changements de mains de deux piſtes
qui ne différent des changements de
main que par la figure. Quant aux aides & moyens ils ſont les mêmes ; je
vais en conſéquence me borner à dire
ce qu'on doit pratiquer dans l'inſtant
qu'il faut contre - changer de main

Dès qu'on eſt arrivé au centre du manége ou quarré long, il faut, ſi l'on
travaille à droite, plier le cheval à gauche, en ſoutenant la main gauche de
ce côté, pendant que la main droite
qui le tenait plié auparavant, arrête &
ſoutient les épaules, les portant diligemment à gauche, l'inſtant d'après : dans
ce même moment l'on fait preſſion ſur
l'étrier, ou ſur la feſſe droite, pour fixer les hanches , & enſuite les faire
cheminer à gauche avec les épaules.
Comme les contre - changements de
main laiſſent toujours le Cavalier du
même côté, il prendra tout de ſuite un
changement de main pour pouvoir recommencer par la gauche , par des
mouvements contraires, ce qu'il vient
de faire par la droite.

LEÇON SIXIEME.

Les pas croisés que l'animal aura faits dans les leçons précédentes, doivent l'avoir non - seulement assoupli, placé, rendu libre d'épaules & de hanches ; mais un peu assis & rendu très-sensible aux aides. Il ne sera pas difficile actuellement de le faire cheminer aux deux mains, la tête & la croupe au mur. Ainsi, en continuant de l'exercer comme je viens de le dire dans la leçon précédente, pendant environ un mois, d'un jour à l'autre, on pourra, les huit ou dix derniers jours, finir la leçon par celle de la tête ou croupe au mur, de la manière expliquée ci-après.

Veut-on se porter ou cheminer de gauche à droite, on soutiendra les deux mains en fermant la jambe gauche pour

chasser & faire cheminer les hanches
en les contenant & réglant la cadence
avec la jambe droite. Si le cheval avan-
çait & sortait de la ligne, les mains
doivent le contenir en marquant des
demi-arrêts : si au contraire il reculait
ou s'entablait, la jambe droite doit y
remédier en le portant en avant ou en
le contenant toujours dans la ligne. On
aura recours aux aides du corps, quelques jours après l'avoir fait exercer à
cette leçon. On pourrait même commencer par-là sur un cheval bien sensible, qui connaît bien les aides les
plus fines. Ce sera donc en pressant sur
l'étrier ou la fesse gauche, que l'on
déterminera & chassera les hanches à
droite, d'accord avec les mains qui dé-
terminent les épaules ; & en pressant
sur l'étrier droit, ou fesse droite, qu'on
réglera la cadence ou l'action des hanches, en soutenant & portant, selon
le besoin, le cheval en avant, les épau-

les précédant les hanches , de même qu'à la leçon de l'épaule en-dedans, ou au changement de main des deux piftes.

Comme je viens d'indiquer les moyens de contenir l'animal fur la ligne , fans qu'il avance ou recule , il ferait inutile & nuifible même de le mener près d'un mur , fuivant les principes de plufieurs Auteurs : car tout homme de cheval doit fuppofer des lignes à fa volonté , & les faire exactement fuivre à fon cheval , fans s'aider des murs ou des barrières. On comprend auffi qu'allant la tête au mur, c'eft y aller de la croupe , fi l'on tourne l'animal de la tête à la queue : ainfi, qui fait l'un fait l'autre , & avec les mêmes moyens. Il ferait totalement inutile de faire comme toutes les perfonnes qui ont écrit fur l'Équitation une leçon particulière à cet égard , puifqu'il n'y a que le nom qui diffère. Cette fixième leçon fera donc mêlée, ainfi que je l'ai expliqué dans les deux leçons précédentes, du pas, du trot, du galop, des changements & contre-changements de main, & de la tête ou de la croupe au mur.

A l'égard du galop, je ne puis me difpenfer d'expliquer, avant de paffer à la feptième leçon, comment il faut s'y prendre pour parvenir à inftruire promptement les chevaux à cette allure la plus élevée, la plus célère & la plus brillante.

PRINCIPES.

Il faut tenir l'animal plus renfermé qu'à l'ordinaire, & donner l'activité à fes mouvements, en foutenant les mains ; puis rendre doucement, pour qu'il ne fe précipite pas fur les épaules (1). On fentira tant foit peu plus

______

(1) Un cheval bien dreffé au pas & au trot,

la rêne de dehors , fans déranger le beau & avantageux pli de l'encolure ; on chaffera, foit des jambes , foit de l'affiète ou de toute autre aide , le cheval en avant , dans l'inftant que l'appui du mords fait moins d'effet fur les lèvres , jufqu'à ce que l'animal foit parti. Alors on l'entretiendra fur la ligne droite dix ou douze pas , enfuite on le paffera au trot pour recommencer la même opération , un inftant après, toujours dans le droit , & cinq ou fix fois de fuite aux deux mains avec les mêmes moyens. Les chevaux qui ont la belle cadence , marquant au galop, à chaque pas ou faut en avant, quatre tems , & ceux qui ont la cadence ordi-

---

ne doit point fe précipiter fur les épaules: c'eft un peu pour parler le langage des autres , que je me fers de cette expreffion ; car, paffant du trot au galop, cela ne peut arriver que dans les premiers moments, fi l'on s'y prenait mal.

naire, en marquant trois seulement , les tems de chasse doivent se faire différemment qu'au trot, c'est-à-dire précisément dans l'instant où le pied de derrière va faire sa foulée, parce que c'est ce pied qui commence le branle du galop à droite, chasse & élance la machine en avant (1).

Pour ne point ennuyer par des détails, dans une même leçon, passons à la septième.

---

(1) La jambe de derrière de dedans chasse aussi, mais beaucoup moins ; la croupe tombe donc, parce que la jambe gauche, pour chasser plus puissamment la masse, cherche à prendre la direction centrale : quand c'est outré, cela devient nuisible par la raison contraire, &c. Voyez Allures.

LEÇON SEPTIÈME.

APRÉS ce que je viens de dire sur la manière de commencer à exercer un cheval au galop, il ne s'agit plus que d'expliquer les moyens qu'il faut mettre en usage pour le perfectionner dans cette allure sans le fatiguer.

L'animal habitué à partir facilement à l'une & l'autre main, du bon pied & sans se désunir, on lui fera faire un tour ou deux de manége, puis arrêter & changer de main au trot ; ainsi de suite, alternativement. Quand enfin il soutiendra bien le branle du galop ; qu'il n'ira pas plus vîte dans un moment que dans un autre, on pourra lui faire fournir la reprise à deux changemens de main dans le droit, sans passer au trot ; observant seulement de lui en faire battre un temps ou deux, avant qu'il reprenne à l'autre main au galop. Quinze jours après on ajoutera au premier, deux autres changements de main, selon la vigueur & l'haleine du cheval. Dès qu'il reprendra bien facilement, en changeant de pieds, après avoir battu un temps de trot, il faudra l'inftruire à changer d'un temps de galop à un autre, c'eft-à-dire dans l'inftant où les quatre pieds font en l'air, on fera paffer les jambes de dehors devant, en arrivant fur la ligne de la muraille (1). Cela fe fera aifément dès que le Cavalier aura foin de renfermer fon cheval, en appellant de la langue, aidant du corps, en l'inclinant fur le mur (qui eft le côté de dedans avant que l'animal ait changé de pied, & qui devient celui de dehors l'inftant d'après) : on doit auffi retarder l'épaule

____

(1) Voyez Allures. Chap. **XI.**

de dedans qu'il change pour que celle de dehors agiſſe, & que la jambe dépendante de cette épaule mene, & entame à ſon tour. On aura grand ſoin, ainſi qu'il eſt dit au trot, de placer promptement le cheval, en même temps qu'il change, ſi cela ſe peut dans les commencements; ce qui accélérera ſon inſtruction.

Après qu'il ſera bien confirmé dans le droit au galop, & qu'il changera de pieds à la volonté du Cavalier, on pourra prendre des changemens de main de deux piſtes ; peu de temps après, les changements de main, & contre-changements de main dans le droit, avec les gradations obſervées pour le trot. Je viens de dire qu'il était eſſentiel de plier le cheval en même temps qu'il change : par la ſuite on l'amenera, ſuivant ce principe, en le récompenſant à propos, à changer de pied en le pliant ſeulement, & aidant un peu du corps, en changeant l'à-plomb selon le besoin. Dès-lors cette justesse & grande précision rendra l'animal agréable, le Cavalier pourra lui faire exécuter toutes les figures connues dans les manéges, sans que l'on apperçoive ses aides ; ce qui caractérise la belle posture du Cavalier , le brillant , la noblesse & la grace du cheval exercé , qui font tant de plaisir au spectateur instruit , & plus encore à l'Écuyer qui l'éduque.

Dans l'allure du galop comme dans les autres , il y a une infinité de choses à expliquer , qui occasionneraient un détail long & minutieux que je veux éviter (1).

---

(1) Chacun sent plus ou moins, suivant les connaissances, l'attention & l'affection qu'il peu avoir à la chose : il serait donc inutile d'expliquer tous les degrés qu'on peut employer suivant les circonstances, qui varient autant qu'il y a d'individus.

Il suffira, pour remplir mes vues, de dire que celui qui donne des leçons, doit s'attacher à régler & à bien cadencer le galop, donner de l'union sans fatiguer l'Élève, suivre avec soin les principes simples, par lesquels on est parvenu à se faire entendre & obéir par l'animal, être liant, moëlleux dans les aides, donner des temps de chasse (1) des deux fesses, en soutenant doucement les mains dans l'instant que les deux jambes ou pieds de derrière sont en l'air, pour faire couler les hanches dessous & diligenter l'allure ; marquer des demi-arrêts bien à propos, en se grandissant pour tenir droit & d'à-plomb ; car le Cavalier, par ces temps-

---

(1) Pour ne rien laisser de louche, il faut encore expliquer ce qu'on doit entendre par donner des temps de chasse. On chasse en avant, avec les fesses, lorsqu'après s'être un peu élevé sur les étriers, ou en fermant les cuisses, on se

d'arrêt,

d'arrêt, communiquera par la suite au cheval qui exerce sous lui, le même à-plomb, qu'il pourrait avoir lui-même. Ce sera sur-tout en finissant les reprises, qu'on doit prendre ce soin , & arrêter dans l'instant où l'Élève sera dans le mieux possible.

Voilà jusqu'où il faut instruire les chevaux de parade en bridon, pour les ménager & pour conserver la sensibilité de la bouche; ainsi le cheval , selon l'énumération du temps prescrit pour chaque leçon , doit être travaillé environ dix mois ou une année pour être sage , assoupli , placé , léger , uni , brillant & très-agréable pour les personnes qui ont une belle assiette & les aides moël-

---

relâche promptement en se laissant tomber sur la selle dans l'instant où les jambes de derrière sont en l'air : la pression sur les étriers prise de même , ainsi que celle des genoux , produit un effet à-peu-près semblable.

F

leufes ; & il eft très-difficile à conduire, & même dangéreux, pour ceux qui n'ont pas cet avantage, parce que la fenfibilité d'un cheval bien dreffé, qui ferait monté par quelqu'un qui ne ferait pas maître de fes mouvements, le mettrait dans le cas de s'effrayer tellement du balancement du corps du Cavalier & des accoups qu'il recevrait, qu'ayant perdu la tête, il fe précipiterait dans un gouffre, s'il s'en trouvait un devant lui (1).

____

(1) Les perfonnes inftruites fur l'Art de foumettre & dreffer les chevaux, pourront trouver que je fuis entré dans des explications trop détaillées dans mes Leçons ; & ceux qui ne le font pas, diront qu'il y a une infinité de chofes que je n'ai point fait connoître pour ne les avoir pas affez expliquées ; qu'ils ne peuvent, avec ce que j'ai écrit, acquérir toute la théorie néceffaire pour exercer avec fuccès à cheval. Je répondrai aux premiers, qui auront oublié, on

parlant ainsi, les peines qu'ils ont eues en commençant, que ce n'est point pour eux que j'ai
fait des Leçons, & que, n'y ayant rien d'élémentaire dans les Ouvrages mêmes des Auteurs qui
ont le plus de réputation sur cette partie, rien
qui puisse être senti & utile aux Elèves qui desirent s'instruire à l'aide de la lecture, j'ai jugé
très-nécessaire de suivre une autre méthode que
les Auteurs qui m'ont précédé. A l'égard des
seconds, en convenant avec eux que chaque air,
chaque attitude, chaque mouvement, pourrait
faire le sujet d'une longue dissertation, je ferai
valoir, pour ma justification, la crainte d'être ennuyeux par des explications trop longues & trop
multipliées; outre que les jeunes gens qui voudront étendre leurs connaissances sur l'Equitation, n'auront qu'à donner en conséquence l'attention nécessaire à ce qu'ils font, en partant
toujours des principes qui se trouvent dans mes
Essais, pour réussir. Au surplus, le trop ou le
trop peu a toujours été l'écueil des Ouvrages di-
dactiques; pourquoi, plus qu'un autre, aurais-
je l'avantage exclusif, ou pour mieux dire, impossible de réunir tous les suffrages, & de con-
tenter tous mes Lecteurs?

LEÇON HUITIEME.

Pour exercer le cheval bridé.

On menera le cheval, qui sera bridé pour la première fois, au très-petit pas, soutenant de temps à autre la main pour essayer de légers appuis sur les barres avec le mords, en se servant du filet pour le plier, comme on a fait du bridon, c'est-à-dire en éloignant la main de l'encolure proportionnellement au pli qu'elle donne selon qu'elle est plus ou moins longue. L'animal ayant bien répondu aux temps d'arrêt avec le bridon, répondra de même à ceux que l'on marquera avec la bride, pourvu que le Cavalier cherche doucement & légèrement la pression que le mords doit faire sur les barres, selon la sensibilité du cheval; il l'amenera par degrés à supporter un bon appui , & , s'il le veut, à pleine main , en rendant à propos. J'entends par rendre à propos, diminuer l'appui dès que le cheval est bien placé & rassemblé : si l'on desire qu'il se rassemble , &c. (1) il n'y aura de difficulté qu'à tourner à droite ou à gauche , pour la main seule de la bride , en ce que l'effet est différent dans cette action qu'en bridon , quelques soins & précautions que l'on prenne ; par exemple : on veut tourner à droite , on

---

(1) Ce que je viens de dire, joint à ce qui suit, explique assez les effets de la main pour me dispenser de faire un long Chapitre à ce sujet, comme cela a été pratiqué dans les Ouvrages qui traitent de l'Equitation , sans qu'on se soit fait entendre. Dans cette occasion, ainsi que dans beaucoup d'autres, j'ai senti que c'était moins en faisant de longs & pompeux raisonnements qu'on pouvait instruire, qu'en expliquant simplement la chose que l'on veut communiquer.

F 3

porte & soutient en conséquence la main de ce côté. La rêne gauche prend un degré de tension, pendant que la droite diminue de beaucoup celui qu'elle avait, soit en tournant ou ne tournant point les ongles en - dessus, en arrondissant ou en n'arrondissant pas les poignets, &c. Le côté gauche de l'embouchure près du fonceau, portera plus fortement sur la barre gauche, que l'autre côté de l'embouchure sur la droite : l'animal, en suivant l'effet de cette pression, tournerait à gauche, parce qu'il a tourné jusqu'alors du côté où le bridon faisait le plus d'appui sur les lèvres (1). Pour remédier à cet in-

___

(1) C'est aussi ce qu'ils font dans les commencements qu'ils font travaillés en bride. Quand ils ne font pas bien placés & confirmés dans le beau pli qu'on leur aura donné en exerçant, ils fauffent l'encolure & tournent plus facilement encore du côté opposé à celui où l'on soutient la main.

convénient, & l'accoutumer à tourner pour la main de la bride, on s'aidera, soit avec le bridon, en éloignant de l'encolure la main qui le tient, soit en appuyant un peu avec les doigts sur la rêne de dedans de la bride, & ensuite peu-à-peu on fera tourner le cheval avec la main de la bride seulement, en diminuant par degrés l'aide du bridon, ou la légère pression que l'on fait sur la rêne de dedans.

L'animal bien fait aux différents mouvements de la main avec la bride, sera beaucoup plus facile à mener, tourner, enlever, qu'avec le bridon qui ne fait pas, à beaucoup près, le même effet, & les mouvements du Cavalier seront bien moins apparents ; en sorte que, quand le point d'appui sur les barres sera amené & réduit à un certain degré de sensibilité, il ne s'agira plus que d'ouvrir un peu les doigts & les refermer, baisser ou soutenir un peu le poignet ; enfin rapprocher le petit doigt au corps pour faire avancer, reculer, aller à droite ou à gauche, sans que l'on apperçoive les mouvements de la main, qui font agir & obéir le cheval ; c'est ce qu'on appelle (avec les aides du corps qui font effet fur lui) *aides fecrettes.* Quand l'animal fera bien les changemens & contre-changemens de main au galop de deux piftes, felon les principes établis ci-devant pour le pas & le trot ; on pourra, fi l'on veut, faire des voltes & mener la tête, ou ce qui eft la même chofe, la croupe au mur au galop, avec les mêmes moyens ; s'il y a quelque différence, ce ne fera que dans les aides du corps qui doivent s'accorder avec l'allure & le temps de la foulée, qui n'eft pas la même que pour les deux autres allures dont je viens de parler, & dont j'ai fait fentir, dans cette leçon & les précédentes, l'inftant ou l'à - propos qui conduit infaillible-

ment à la perfection où tendent les
Élèves & les Amateurs de la Cavalerie (1).

Outre qu'il faudra toujours mêler
les reprises du trot avec celles du galop, comme on l'a pratiqué précédemment, il fera bien d'étendre de temps

---

(1) Je ne dirai rien des figures ni de ce qu'il
faut mettre en pratique pour faire des voltes : on
trouve ces figures gravées presque dans tous les
Livres qui traitent de l'Equitation ; quant aux
moyens, ils font les mêmes qu'aux changements
ou contre-changements de main de deux piftes.
Il n'y a que des degrés plus ou moins confidérables
& l'à-propos relativement à l'allure qui peuvent
faire une différence. Au furplus, comme il y a
très-peu de perfonnes en état de conduire les chevaux dans la juftesse qu'exigent les voltes, qui
d'ailleurs n'ont que très-peu d'utilité, on fera bien
de ne pas s'engager dans ces difficultés, qui peuvent occafionner la ruine des chevaux, parce
qu'elles fe font toujours aux dépens de ces vidi-
mes de l'enthoufiafme d'un homme à prétention.

F 5

à autre le cheval au galop allongé &
célère , tant pour le confirmer dans
cette allure , que pour lui faire plier
les reins , & lui donner de la hardiesse
à la course. Les chevaux de guerre,
de chasse & de voyage doivent être
vîtes. On observera de bien s'assurer
de se tenir bien d'à-plomb , & de ne
point arrêter accoup, d'un seul tems,
le cheval élancé dans une échappée de
main ; il faudra ralentir , au contraire,
par plusieurs temps d'arrêt légers , un
peu plus soutenus qu'à l'ordinaire , ou
par un seul continué graduellement, jusqu'à ce que l'animal ait paré. On pourra
aussi le renfermer en même temps qu'il
ralentit l'allure pour faire un bel arrêt,
& on l'étendra ainsi , si on le desire,
par degrés. Comme on a déjà donné
des explications sur les allures, tant
basses que relevées , naturelles ou arti-
ficielles , dans plusieurs autres Traités
sur l'Équitation , d'une manière à satis-

faire la curiosité des Amateurs, je me bornerai à communiquer les remarques que le temps & la pratique m'ont mis à même de faire, qui pourront étendre les connaissances que l'on a sur cette partie (1).

---

(1) Il serait superflu de répéter, quoique dans d'autres termes, les choses qui ont été dites selon l'usage de beaucoup d'Auteurs; & il serait déplacé, pour ne pas dire injuste, de contredire, par une fausse prévention, élevant hypothèse contre hypothèse, pour faire un vain étalage d'érudition. Les grands raisonnements, en pareil cas, ont presque toujours pour base l'aigreur & la jalousie. Il suffit donc (indépendamment des égards réciproques qu'on se doit en courant la même carrière) de dire des vérités palpables, pour frayer une nouvelle route que chacun voudra tenir, parce qu'il est naturel d'abréger & de s'épargner des peines inutiles. Il est aussi très-simple d'imaginer que c'est presque toujours parce qu'on manque de moyens pour convaincre de la vérité de ce qu'on avance, qu'on a recours à la manie de détruire ce que nos concurrents ont écrit sur

Ainsi je terminerai mes huit leçons par l'action de reculer, dont je n'ai point encore parlé, parce que je pense (malgré l'opinion qu'ont plusieurs Écuyers, " de commencer à bonne-» heure à instruire les chevaux à re-» culer pour les dresser plus promp-» tement ») qu'il conviendrait beaucoup mieux de finir que de débuter par-là. Rien ne sera plus aisé, après avoir instruit un cheval au point où l'on suppose que les leçons précédentes ont dû l'amener, que de le faire reculer droit, dès la première fois, sans qu'il

____

le même sujet ; comme si nous n'avions pas chacun notre manière de voir, de sentir & de rendre nos idées ; & qu'une personne conduite par sa bonne intention ne dût pas mettre au jour les connaissances que le temps & le travail lui auront fait acquérir, par la raison qu'il n'est pas le plus pompeux & le plus énergique de tous les Ecrivains.

se presse ni traîne ses pieds, en s'y prenant de la manière suivante.

PRINCIPES.

Le Cavalier tiendra les jambes bien égales près du ventre, en soutenant en même temps la main qui doit diminuer la pression du mords à chaque pas que le cheval fera en arrière. S'il sort de la ligne, on redressera les épaules sur les hanches ; & on le portera en avant, dès qu'il sera bien droit & bien d'à-plomb. Cela suffira pour l'instruire à reculer juste & facilement, parce que les leçons précédentes auront déjà disposé l'animal à cette action, sans qu'il soit question de donner des saccades du caveſſon sur le nez, & des coups de chambriere sur le poitrail, comme plusieurs personnes l'ont mal-à-propos recommandé.

CHAPITRE V.

Remarques sur les Allures.

Du Pas.

Le pas est reconnu pour la plus douce & la plus aisée de toutes les allures. Il doit être réglé, suivi, raccourci, cadencé pour les chevaux de parade ou de manège. Les jambes doivent relever plus haut, avec plus d'action & de grace, que quand il n'est question que de faire du chemin simplement. Il y a pas ordinaire, & pas de route, ou pas relevé; dans le pas ordinaire les mouvements des jambes sont égaux entr'eux; dans le pas de route, deux jambes posent presqu'au même instant sur le sol diagonalement : je suppose la jambe gauche de derrière partir, & tout de suite

après la droite de-devant, les jambes
oppofées de même, & ainfi de fuite
alternativement, &c. On doit admettre, indépendamment du piaffer en
avant, trois degrés de viteffe dans cette
allure & les autres ; favoir, le pas lent,
le pas le plus diligent, & le pas le plus
étendu poffible (1).

---

(1) Il ferait d'une grande utilité pour la Cavalerie que l'on donnât ces degrés aux chevàux.
Rien ne contribuerait plus à rendre la marche célère, & à épargner beaucoup de peines inutiles
que l'on prend faute de connaître ou fuivre fcru-
puleufement ce principe, qui eft de la plus grande
conféquence, comme je vais le démontrer dans
l'explication abrégée cy-après. Je dois prévenir le
Lecteur, qu'il n'eft point queftion ici de raffembler
fon cheval, parce qu'on ne parviendra jamais à
faire fentir à une troupe ce que c'eft que de raffembler, outre que cela eft inutile.

Il ne s'agira fimplement que de ralentir, foit
que l'on marche par rang ou par file, quand on
fera trop près, & de gagner ou ratrapper la dif-

Du Trot.

Les jambes du cheval dans cette allure ſe meuvent par deux diagonalement.

---

tance perdue, (plus ou moins par chacun de ces rangs ou files, ou par les Officiers qui ſont à la tête des eſcadrons, diviſions, ſubdiviſions, &c.) en cheminant d'un pas allongé & plus diligent lorſqu'on marche à cette allure, juſqu'à ce que chacun ſoit à ſa diſtance. Pour parvenir à remédier à ce défaut inquiétant pour le Général dans une marche, ſoit près de l'ennemi ou non, on oblige les Officiers majors de courir continuellement le long des colonnes qui s'allongent; criant : *ſerrez, ſerrez à vos diſtances.* Il réſulte de ce ſoin que chacun galope ou trote, ſi l'on eſt au pas, pour rejoindre promptement la diſtance perdue, ſoit parce qu'on aura troté devant, ſoit par défaut d'attention, ou enfin par un obſtacle tel qu'une chûte d'une ou pluſieurs perſonnes, un mauvais pas, &c.

Les diviſions ou files qui trotent ainſi, ne s'arrêtent que quand elles ont heurté celles qui les précèdent. Il arrive de ce choc qu'il faut reſter en

Je suppose la droite de derrière partir avec la gauche de devant, ainsi de suite alternativement. Le trot assouplit, dénoue les membres par le jeu continuel des hanches, des épaules, des genoux,

---

place un instant qui, joint à celui qu'on met pour faire partir les chevaux dont l'action a cessé, occasionne de nouveau des distances plus ou moins grandes, en sorte qu'une troupe fatigue considérablement en faisant très-peu de chemin. On observera qu'une distance perdue de six pas pour un rang, devient plus grande de trois pas, pour celui qui suit, & plus ou moins encore, selon que chaque rang partira ou parcourra l'espace vuide plus ou moins rapidement; ce qui progressivement devient considérable pour une colonne un peu longue, & plus encore si elle est mêlée d'Infanterie & de Cavalerie. Si, au contraire de ce qui se pratique, on laissait le soin à chaque Chef de division ou subdivision, de gagner insensiblement la distance en augmentant l'allure, le désordre dont je viens de parler cesserait, & les troupes qui composent la colonne arriveraient beaucoup plutôt à leur destination; les chevaux ne seraient

des jarrêts & des articulations des pieds.
Il y a des chevaux qui se retiennent en
trottant. Il convient, après quelque temps
d'exercice, de les chasser & de les étendre
sur de longues lignes droites. Ceux qui
ont le trot rude, augmentent par le travail & l'union leur ressort, & deviennent
moins incommodes. C'est une allure qui
fait faire beaucoup de chemin sans trop
fatiguer les chevaux, parce qu'ils sont
plus d'à-plomb que dans les autres, &
que les deux jambes s'entr'aident égale

pas aussi fatigués, & ils conserveraient l'allure du
pas, qu'ils perdent en trotant sans allonger.

A l'égard des défilés, on doit faire serrer de
très-près & marcher sans tâtonner, faisant former
l'escadron avant & après le passage, pour que la
colonne n'arrête pas; il en est de même au passage
d'une rivière, si l'on veut faire boire les chevaux,
en entrant une ou plusieurs divisions à la fois dans
l'eau, & sortant ainsi pour former les escadrons
loin de la rivière pour marcher ensuite comme ci-
devant.

ment pour chaſſer la maſſe preſque horiſontalement; (1) l'animal exercé au trot
devient léger, prend de l'appui & de

---

(1) On ferait très-bien de préférer le trot au
galop dans la Cavalerie, quand il ne s'agira que
de ſe porter promptement ſur un terrein ou poſition avantageuſe à la guerre. On ferait autant,
même plus de chemin & avec moins de déſordre
qu'au galop, s'il faut courir un certain eſpace;
outre que l'on pourrait charger avantageuſement
en arrivant, n'ayant que trotté; & qu'au contraire,
ſi on a galopé, les chevaux, étant hors d'haleine,
ne feront qu'une mauvaiſe & infructueuſe charge.
On obſervera de plus que les chevaux, galopant
en troupe, courent de toutes leurs forces, ſouvent
en bondiſſant ſur le ſol dans le premier inſtant de
la galopade; ce qui eſt en pure perte. Lorſqu'ils
ſont fatigués, ils traînent leurs allures, paſſent de
l'une à l'autre, & s'arrêtent ſouvent par les obſtacles qu'occaſionne le déſordre de la colonne,
par l'inégalité du terrein ou par épuiſement, qui a
toujours lieu dans une longue courſe au galop;
pendant qu'un trot allongé avance beaucoup, parce
qu'il a plus de ſuite & fatigue infiniment moins.

l'union. Il faudra donc beaucoup trotter pour assouplir & préparer au galop, & beaucoup cheminer au pas pour instruire. Le trot doit être égal dans la foulée des pieds, vivement battu & diligemment relevé pour être agréable.

Du Galop.

Un cheval peut galoper faux & désuni du devant ou du derrière. Dans les manéges, & sur une ligne circulaire, il faut galoper dans la plus stricte règle par rapport à l'ordre des jambes; mais sur une route, à la chasse ou en plaine, il n'y a plus de chevaux faux. Il convient même dans une carrière un peu longue de les faire changer de pied pour qu'ils travaillent également des quatre jambes. On aura néanmoins attention de remettre un cheval qui serait désuni, parce qu'il peut s'abbattre & se fatiguer; d'ailleurs, il met mal à son aise le Cavalier en galopant ainsi, &c. ceci a été détaillé dans plusieurs ouvrages (1). Je vais parler des observations que j'ai faites sur cette allure la plus célère, la plus agréable sur quelques chevaux, & la plus fatiguante quand on court long-temps sur certains autres.

OBSERVATIONS.

On demande pourquoi le cheval est penché en galopant, & pourquoi aussi les hanches tombent toujours un peu du côté de dedans soit dans les manéges ou ailleurs; par exemple, un cheval galope à droite, les hanches tombent à droite & il se penche à gauche. On parle beaucoup de la chose, on la voit, on la sent; mais la cause en est ignorée, ou du moins personne n'en dit rien. Ayons

------

(1) Voyez Ecole de Cavalerie, par M. de la Guériniere.

recours à la nature, développons la cauſe, & expliquons-en les effets par le méchaniſme de l'animal, dans ſes motions lentes ou rapides au galop. Suppoſons un cheval bien conformé & bien préparé qui galope à droite, la jambe gauche de derrière commence le premier temps par ſa foulée ; c'eſt elle qui élance la machine, lui faiſant faire une petite parabole en avant : la jambe droite de derrière marque le ſecond : la jambe gauche de devant, le troiſième : la droite de devant, le quatrième ; c'eſt celle-ci qui mène & finit : ceci (bien entendu) dans un galop ſoutenu & cadencé (1).

---

(1) La majeure partie des chevaux ne marque que trois temps de galop, parce que la jambe droite de derrière & la jambe gauche de devant font leur foulée enſemble à cette main, & l'oppoſé à l'autre ; mais cela eſt indifférent pour l'explication que je me propoſe de donner.

Concours des jambes pour chasser & tenir le corps d'à-plomb.

La jambe gauche de derrière qui entame, ou, si l'on me comprend mieux, qui commence le branle du galop, élance en avant & élève du sol la masse (1).

Cette force qui élance & chasse en avant, étant aussi un peu latérale, la masse dont la jambe de derrière est le ressort qui la meut, penche à droite; la

---

(1) La force de la jambe gauche agit aussi un peu obliquement de bas en haut pour produire le saut que l'animal fait en galopant, & de gauche à droite. Voilà ce qui fait que l'ordre des autres jambes, leur effort ou pression sur le sol concourt en même temps à chasser en avant & à tenir la masse d'à-plomb, par une action plus ou moins prompte ou considérable & relative au besoin qui varie à chaque pas. Je ne parlerai point du galop en arrière, comme on a fait. Il me semble fou d'exercer un cheval à cheminer ainsi contre l'ordre de la nature.

jambe droite de derrière qui fait fa foulée prefque dans le même inftant que la
gauche, emploie fon reffort ou fa force
à foutenir le corps (qui eft la maffe dont
je parle) qui tomberait fans fon fecours:
par conféquent cette jambe, indépendamment de la rapidité de fa foulée,
qui ne lui permet pas de fe fervir de
tout fon reffort (parce que la flexion &
l'extenfion font moindres à raifon de
cette célérité occafionnée par la jambe
gauche qui entame) ne chaffe la machine que foiblement en avant : voilà
pourquoi le cheval eft penché à gauche
en galopant, & que la croupe tombe
en dedans; les jambes de devant n'employant leur force ou reffort qu'à retenir la maffe élancée, & à la foutenir un
inftant pour que les jambes, cuiffes &
hanches, comme on voudra, puiffent
dans ce même inftant couler deffous
pour la chaffer de nouveau, comme je
viens de l'expliquer.

Action

Action dans un galop très-rapide.

Il n'en est pas tout-à-fait de même dans le galop cadencé, dont je viens de parler, que dans le galop *étendu*, ce que nous nommons *parti de main*; car les jambes de devant, loin d'employer leur ressort à retenir & à soutenir la machine, se joignent à celles de derrière pour l'élancer en avant : de-là l'impossibilité de tourner & d'arrêter, d'un seul temps d'arrêt, un cheval qui court, comme l'on dit, *à toutes jambes*. On juge que, pendant la course, l'animal est bien plus rapproché du sol, & qu'il suit une ligne presque horisontale, d'où vient son impulsion terrible (1).

---

(1) Comment a-t-on pu mettre en comparaison le trot avec le galop, pour la charge de la Cavalerie, en disant que le galop fait décrire au cheval une parabole qui rend son choc moindre qu'au

G

Force centrale, & équilibre senti, recherché
par les chevaux en galopant.

Revenons actuellement à la nécessité
où se trouve le cheval, dans l'allure du

---

trot : Il faut avoir une idée bien fausse de l'impulsion
de l'une ou de l'autre de ces allures & de leur pro-
gression ; j'offre à prouver par de solides raisons
que la Physique expérimentale fournit, que de deux
corps égaux en masse, élancés en sens directement
contraires, dont l'un aura trois degrés de vitesse
de plus que l'autre, le premier emportera, par sa
percussion, le second de la moitié de sa vitesse.
Ainsi un cheval élancé dans le plus rapide galop,
ayant au moins huit degrés de vitesse de plus que
celui qui est mu par l'action du trot, doit par son
choc renverser une masse quadruple à la sienne.

Sur ce principe démontré, que l'on fasse donc
partir au galop un corps de Cavalerie qui doit en
charger un autre, quand on en sera à cinquante pas,
& ventre à terre lorsqu'on en sera à trente ; l'on verra
fondre & disparaître le corps chargé, quand même
celui qui charge n'aurait point de sabre, pourvu
que l'on tienne les chevaux bien droits sur la ligne

galop, de se pencher, de jetter sa croupe
en-dedans, & aux moyens qu'on peut
employer pour y remédier sans aucun

---

que chacune des parties qui composent le tout doit
suivre. Dans un tel galop les chevaux, étant plus
près du sol, malgré la parabole dont on veut parler, parce que leurs jambes, pour avoir un plus
grand ressort, sont toujours allongées en avant ou
en arrière, frapperont avec plus de puissance &
ne pourront pas s'élever pour franchir. Ceux, au
contraire, qui seraient en place ou en mouvement
moins étendu, s'éleveront, & ils seront plus faciles à culbuter, ou ils s'enfuiront à droite ou à
gauche; car la nature fait sentir à tous les êtres or-
ganisés la nécessité d'éviter le danger qui les menace. Quand on chargera de l'Infanterie, il faudra
partir de cent pas, & sur le champ au plus
grand galop possible, pour que la troupe chargée
ait moins de temps à faire feu, & que son effet
soit moins grand à raison de l'étonnement & de
la terreur qu'occasionnera cette célérité, qui rapproche si subitement les deux corps. Deux raisons
que je crois appercevoir pour une ligne de Cavalerie qui en charge une autre, m'ont fait dire

préjudice pour l'animal. Je fuppofe toujours qu'on galope à droite : la jambe gauche qui chaffe, comme je l'ai dit, la maffe en avant, s'approche le plus poffible de la direction du centre de gravité de cette maffe. Non-feulement elle s'approche de la jambe droite de der-

---

de ne partir au galop que de cinquante pas; la première, c'eft qu'il y a autant de diftance qu'il en faut pour prendre le plus rapide galop & l'avantage d'arriver avec toutes fes forces, qu'une longue carrière épuiferait; la feconde, qui me paraît tout auffi concluante, c'eft que les troupes qui chargent font plus faciles à contenir au trot, & qu'étant arrivées à vingt pas fans défordre (que dans le galop on pourroit faire naître ou augmenter volontairement pour fuir) ces troupes, dis-je, quoique moins courageufes que celles qu'elles chargeraient, en impoferont par leur courfe audacieufe, au moment où il femblait qu'elles allaient s'arrêter ou fuir; parce qu'en beaucoup d'occafions c'eft dans la manière de fe préfenter, à la guerre, & non dans le choc, qui n'eft que fuppofé, comme l'expérience le prouve, que fe décide la victoire,

rière, mais elle la fait fortir de la ligne tracée par la jambe droite de devant, parce que les os des iles ou du
baffin ne peuvent pas fe rapprocher;
ainfi voilà la méchanique & la néceffité
prouvée indifpenfable de la hanche en-
dedans pour un cheval qui galope dans
le droit. Il fera aifé de comprendre pourquoi un cheval fe penche à droite pour
galoper à gauche. Nous avons dit précédemment, pour le cheval qui galope à
droite, que la jambe gauche de derrière
qui commence le branle du galop, non-
feulement pouffe la maffe en avant,
mais encore un peu à droite, & que la
jambe droite de derrière foutient le
poids du corps en le chaffant auffi un
peu latéralement à gauche & en avant.
Comme cette jambe fait fa foulée rapidement en raifon de la célérité de la
maffe élancée puiffamment par la jambe
gauche, fon effort eft moindre : par conféquent l'animal, fentant la néceffité d'al-

G 3

léger ou foutenir la maffe de ce côté, penche le corps à gauche, & plus ou moins felon la lenteur ou la rapidité de fa courfe : il rapproche, par ce moyen, la jambe gauche du centre de gravité, & lui donne la facilité d'employer la puiffance qui le meut & le rend célère (1).

Préfentement, on prévoit qu'en réglant cette allure, & lui donnant une cadence qui rende le mouvement des jambes prefque égal entre elles, on peut mettre cette agréable machine d'à-plomb & droite, à un certain degré qui donnerait à l'animal, l'union au galop; grand mot, qu'on emploie à tout pro-

---

(1) Il y aurait ici quelque chofe à dire des jambes de derriere plus ou moins proches de celles de devant, plus ou moins tendues, plus ou moins perpendiculaires à l'horifon ; mais ces chofes, me femblant un peu trop recherchées, m'obligent au filence par la crainte que j'ai d'être long & ennuyeux.

pos, & dont on n'a qu'une faible idée,
parce qu'on a négligé d'avoir recours au
méchanifme de l'animal. Dans un galop
très-vîte, les deux pieds de derrière,
quoiqu'un peu plus avancés l'un que
l'autre, font leur foulée prefque en
même temps, ainfi que ceux de devant.
L'effort, pour élancer puiffamment la
maffe en avant, eft par cette raifon
égal, à peu de chofe près; conféquemment l'animal, de lui-même, & fans le
fecours de l'art, ira plus droit & d'à-
plomb que lorfqu'on le ralentira : quant
aux deux pieds de devant, qui font auffi
plus avancés l'un que l'autre, leur fonc-
tion ou action tend encore à donner de
l'activité à la maffe qu'ils foutiennent
horifontalement en frappant & pouffant
le fol en arrière, comme l'on fait dans
l'eau en nâgeant. Il aurait été naturel
que j'euffe terminé cette leçon fur les
allures en donnant une explication des
moyens à employer pour dreffer les che-

vaux au terre-à-terre, aux courbettes,
à mézair, à balotades, à croupades & à
cabrioles ; mais ces airs, dont on a tant
parlé, ne s'accordant point avec le métier que je fais, étant d'ailleurs inutiles
aux perfonnes de mon état, pour qui j'é-
cris plus particulierement, je laiffe cette
partie de l'Equitation, qui eft au-deffus
des forces de beaucoup de gens, lefquels pourraient ruiner & avilir de
braves chevaux en fe permettant de les
inftruire, pour continuer d'écrire mes
remarques qui peuvent être utiles en
fervant de principes aux Elèves qui cherchent la vérité, fi je fuis affez heureux
pour l'avoir mife au jour.

CHAPITRE VI.

Des défenses des chevaux occasion-
nées par les vices de conforma-
tion, ou par les mauvaises ha-
bitudes.

Avant que d'employer les châtiments pour corriger les chevaux qui se
défendent, il faut être bien sûr de ce
qui occasionne ces défenses. Trois choses principales peuvent y concourir ; la
premiere, la foiblesse des parties ou la
défectuosité dans la conformation ; la
seconde, l'ignorance, la mal-adresse &
l'extrême sensibilité de l'animal ; la troisième, les mauvaises habitudes & la
frayeur qu'ils ont des objets qu'ils n'ont
point vus, qui leur auront fait du mal
ou qui les auront surpris.

La foiblesse ou les vices de conformation non-seulement ne doivent point porter le Cavalier à corriger les chevaux ; mais il doit au contraire ne rien demander à un tel animal qui soit au-dessus de ses forces : le temps & un travail modéré peuvent le mettre à même de rendre des services. Si on le fatigue par un trop grand exercice avant qu'il ait la plus grande partie des forces qui lui sont nécessaires, il sera bien plutôt ramingue & ruiné qu'il ne sera dressé. L'ignorance met l'animal dans l'impossibilité d'agir conséquemment à ce qu'on désire de lui ; il faut donc, avant de le corriger, l'instruire & lui faire connaître nos volontés, par des mouvements simples, d'une manière suivie & dépouillée de tout ce qui pourrait les rendre équivoques, puis le châtier, si par paresse ou distraction il négligeait d'exécuter ce qu'on lui aura appris. C'est principalement à quoi on doit veiller soigneusement pour accélérer l'instruction & con-

firmer la leçon, en mettant tous les à-
propos.

La mal-adreſſe vient ſouvent des vices de conformation, comme de peſanteur dans quelque partie, ou dans le
tout; d'un défaut de ſoupleſſe & de reſſort, que le travail bien entendu corrige
en peu de temps ; de la ſtupidité de l'a-
nimal; car il en eſt d'eux comme de
nous : faute de bien voir, ſentir & juger, ils heurtent les corps qu'ils auraient
pu facilement éviter, ſoit parce qu'ils
n'en connaiſſent pas les effets, ſoit qu'ils
employent mal leurs forces : ils tombent
dans le foſſé qu'ils auraient franchi, faute
d'avoir bien pris le temps, & d'avoir
accordé la puiſſance qui élance avec celle
qui enleve.

L'extrême ſenſibilité des chevaux ex-
poſe infiniment les Cavaliers. Il faut
avoir beaucoup d'aſſiette ſur ceux qui
ſont ſenſibles, uſer diſcrettement & rarement des aides, comme avec ceux qui

font ardents (1). Un cheval fenfible ne connaît point de danger, il fe précipiterait dans un abîme pour éviter l'éperon, même la preffion du gras des jambes ou des genoux. Il faut donc, en dreffant un cheval, s'appliquer à proportionner la fenfibilité de l'animal à l'acquis de celui pour qui on le deftine. Les mauvaifes habitudes naiffent des mauvaifes leçons que l'on donne aux chevaux, en leur demandant quelque chofe qu'ils ne peuvent ou ne veulent pas faire. Elles dégénèrent en vices ordinairement,

---

(1) Un cheval fenfible ou ardent eft toujours en feu dans les commencements. Sa trop grande activité l'occupe & l'empêche de faifir la leçon que lui donne le Cavalier, comme le font ceux qui font froids ou flegmatiques. On comprend que l'envie d'aller & d'exercer jufqu'à extinction de force, difpenfe d'ufer des aides fur les premiers, qu'il faut au contraire calmer continuellement; car fi l'on corrige avec impatience, on retardera beaucoup, & même l'on manquera l'inftruction.

lorfque les perfonnes qui veulent les inftruire s'y prennent mal, & qu'elles cédent à l'animal qui réfifte; lequel, ainfi que nous, n'a d'autres vices de carac- tère que ceux qu'on lui donne par une éducation mal entendue. Quant à la frayeur, ce n'eft qu'avec l'aide du temps & de la patience qu'on corrige les che- vaux ombrageux, en les approchant dou- cement des objets de leur crainte, & en les flattant dès qu'ils auront été deffus pour les flairer ; car en les battant on augmente confidérablement leur terreur.

SECTION PREMIERE.

Pour une plus grande intelligence, je diftribuerai les mauvaifes habitudes en deux claffes : dans la premiere fe trou- vent les plus ordinaires, telles que les mouvements de tête ou ce qu'on ap- pelle *battre à la main*, & vulgairement *donner de l'encenfoir*; déplacer le corps, l'encolure & la tête, fe traverfer, faire les forces, trépigner, se retenir, ruer & sauter, fuir par la crainte des châtiments, par gaieté ou par frayeur d'un objet quelconque, le tout sans aucun projet de défense, &c. La seconde comprend l'obstination du cheval à ne pas tourner également à droite ou à gauche, ce que l'on nomme être *entier à la main*; à rester en place, lorsqu'on veut le porter en avant; à reculer précipitamment; faire des pointes toujours dangereuses; à tourner plusieurs tours de suite à la même place, à l'un ou l'autre côté; à forcer la main, & courir très-vîte en bondissant sur le sol; à mordre, ruer en vache & à la botte; à se frotter contre un mur, se coucher & se rouler à terre; enfin se gonfler, restant en place, & pisser de rage, &c.

OBSERVATIONS.

Les premières de ces actions donnent lieu aux dernières; d'abord l'animal cherche feulement à diminuer la douleur & la contrainte, en évitant la trop grande & continuelle fujétion ; enfuite les mauvaifes leçons récidivées l'amènent par degrés à s'obftiner opiniâtrément, jufqu'à méprifer les coups, les châtiments & le danger de toute efpèce (1).

Comme j'ai avancé précédemment que ce n'était pas affez de dire qu'un vice exifte, qu'il fallait encore indiquer les moyens d'y remédier, je vais don-

---

(1) Il y a des chevaux qui entrent dans une fi grande colère, qu'ils recevraient mille coups de chambrière fans changer de place. Ils femblent dé- fier ceux qui les corrigent, par le mépris qu'ils ont de la douleur dans ces inftants de rage ; les défauts de conformation, comme ceux d'une mau- vaife vue, des efforts de reins, de hanches, de jarrêts, des courbes, des éparvins, la pefanteur dans toute la machine, la grande faibleffe, enfin les violentes leçons qu'on aura données, peuvent occafionner des défenfes furieufes.

ner quelques explications qui concourront à faire connaître mes principes.

Caufes des défordres.

Par exemple, l'animal eft trop tenu; l'appui du mords eft continuel dans ce degré, & lui fait fentir de la douleur, par cette forte & longue preffion de l'embouchure fur les barres, & de la gourmette fur la barbe : pour diminuer cette douleur, il battra à la main, tendra le nez en avant ou *s'encapuchonnera*. En battant à la main, il rend par ce mouvement les rênes plus longues, parce qu'elles gliffent du poignet qui les tient, ou le poignet baiffe en cédant à l'effort fubit qu'occafionne le balancement de la tête de haut en bas : par l'action de lever ou tendre le nez, exprimée par ces mots *porter au vent*, il évite la preffion du mords qui gliffe feulement fur les barres ; les chevaux s'encapu-

chonnent auffi pour rendre les rênes lâ-
ches, toujours dans les vues de fuir la
douleur, dès qu'elle eft trop grande.
Lorfqu'ils font trop raffemblés, principalement quand ils manquent de foupleffe, quand ils fe fervent mal de leurs
forces & de leurs hanches, pour éviter
la douleur qu'ils reffentent dans les
reins, dans les jarrêts ou à quelqu'autre partie, ils forcent la main, fe traverfent, ruent, fautent, &c. En forçant la main, ils peuvent s'allonger &
fe mettre fur les épaules; ils fe traverfent, pour foulager leurs reins, & l'un
ou l'autre de leurs jarrêts; quelquefois
auffi pour fe porter en avant, malgré le
Cavalier, vers un objet dont ils defirent de fe rapprocher; & ce fera avec
d'autant plus de force & de promptitude que l'animal fera plus ardent ou
inquiet. Comme il eft naturel à tous les
êtres fenfibles de fuir la douleur ou la
contrainte, il ferait auffi injufte que

cruel de corriger par des coups les chevaux qui cherchent à diminuer leurs
maux, & à se procurer la liberté, souvent à exercer simplement leurs forces,
en sautant & courant à toutes jambes.
Quant aux habitudes qui sont dégéné-
rées en vices par l'effet des mauvaises
leçons, après avoir employé tous les
moyens de douceur dont on peut s'a-
viser, il faudra châtier vigoureusement
une ou deux fois l'animal indocile, ainsi
que je vais l'expliquer plus au long.

SECTION II.

Sans examiner en particulier toutes
les habitudes ou défenses des chevaux,
je donnerai les moyens qui peuvent
en général y remédier & les prévenir;
moyens pris dans la nature qui conduit
chaque individu à faire ou à éviter telles ou telles choses, pour se procurer
le bien-être qu'ils recherchent tous. Je

préviens avant, qu'il faudra avoir recours aux principes qui font expliqués
dans les leçons, lorfque je n'entrerai
pas dans un long détail fur quelques
points, pour éviter des répétitions. Ces
leçons, étant fuivies exactement, met-
tront à même de prévenir les mauvaifes habitudes, & de les corriger avec
le temps & la patience, fans qu'il foit
queftion de châtiment ; bien entendu,
toutefois, qu'on aura fait choix d'un
Élève qui réponde, par fa force, fa
vigueur, fa légèreté, enfin par une
bonne conformation, à l'objet pour lequel on le deftine. Je fuppofe donc ici
un cheval qui n'eft point affoupli, mais
d'un bon âge, c'eft-à-dire de cinq jufqu'à dix années ; qui ferait entier à une
main, ne fouffrirait point d'appui ,
n'obéirait point aux aides ; qui de plus
ferait mélancolique, flegmatique, froid,
trifte, craintif, impatient, ardent ,
colère, malicieux, & qui entrerait dans

le défefpoir au point de ne plus connaître le danger.

Principes pour corriger les chevaux.

Pour ne rien laiffer à dire fur les incommodes & dangereufes habitudes des
chevaux, je vais commencer par les
plus ordinaires. Si l'on veut affurer la
tête d'un cheval qui bat à la main, il
faudra prendre un point d'appui fur les
barres, ou avec le bridon fur les lèvres,
que l'animal puiffe fupporter fans douleur ; & dès qu'il voudra battre à la
main, on tiendra, foit le bridon, foit
la bride, ferme dans l'inftant où il leve
la tête, & on lui rendra dès qu'il fe
ramenera, c'eft-à-dire, dès qu'il baif-
fera le nez, & qu'il prendra la pofition
qu'il avait précédemment ; ce qui lui
donnera à entendre que, lorfqu'il reftera
dans cette pofition, il fera à fon aife,
il ne fouffrira point ; &, au contraire,

que, lorsqu'il en fortira, la douleur fuivra l'action ou mouvement qui le déplacera : on en ufera de même, quand il voudra forcer la main , fauffer l'encolure, qu'il fera inquiet, qu'il ira vîte par boutades ; je veux dire , qu'il faudra foutenir & faire appui fur les barres , quand il voudra fauffer fon encolure ; & rendre, quand on l'aura placé. S'il pouffe le mords, ce que l'on nomme *tirer* ou *pefer à la main*, on foutiendra par degrés , jufqu'à ce qu'il cède peu ou beaucoup , puis fur le champ on rendra. On diminuera la preffion du mords avec les mêmes foins , dans l'inftant où l'animal inquiet ou ardent fera moins de mouvement , & peu-à-peu il reftera en place comme un autre. Je dis plus , avec ces moyens employés long-tems & à propos , il ferait poffible de rendre tranquille & froid le cheval le plus ardent, parce que tout ce qui eft étayé fur de bons principes,

& suivi long-tems avec exactitude , mene à la perfection.

L'animal qui n'est point assoupli , le deviendra bientôt , en travaillant au pas & au trot, s'il est toujours tenu dans la bonne attitude, & si l'on donne, ainsi qu'il est expliqué dans les leçons, du jeu à ses membres, par degrés selon sa force. Celui qui a peu d'appui en prend insensiblement, lorsqu'on passe par tous les degrés de la main légère à la main ferme, & qu'on lui rend, dès qu'il en prend un bon sur le mords. Il faudra faire connaître les aides à ceux qui ont été mal menés par les saccades ou accoups de la main & des jambes, comme je l'ai observé dans les leçons. On l'empêchera de ruer, en mettant le corps en arrière, & en enlevant l'avant-main, en chassant vigoureusement en avant l'animal qui rue, & en le recevant dans les deux talons, lorsqu'après avoir rué il retombe pour faire une autre foulée des pieds de derrière.

On aura grand soin de chaſſer & étendre par degrés les chevaux qui ſe retiennent par pareſſe ou mauvaiſe volonté. Ceux qui ſont chatouilleux, qui ſe retiennent, comme l'on dit en terme de l'Art *à l'éperon*, doivent être chaſſés avec la gaule, en fermant les jambes en même temps que la gaule frappe ſur les flancs, & par la ſuite ils obéiront à la jambe & à l'éperon.

On doit réveiller de temps en temps par des corrections, les chevaux mélancoliques, flegmatiques, froids ou triſtes, en les pinçant des deux, lorſqu'ils traînent leurs allures ; & ſi par degrès on augmente l'action, ils pourront devenir d'un bon & agréable ſervice ; obſervant, toutefois, d'exiger beaucoup moins de ces chevaux, & de donner des leçons très - courtes. Ceux qui ſont craintifs, timides ou ſenſibles, ne doivent être corrigés que le moins possible, & avec les châtiments les moins douloureux; sans quoi, on les verrait se troubler à l'instant, & par conséquent ne point exécuter ce que l'on exigerait d'eux, faute d'entendre ce qu'on leur demande.

Moyens généraux pour les chevaux dangereux.

A l'égard des chevaux qui sont impatients, ardents, colères, malicieux, & qui sont souvent au désespoir, au point de ne plus connaître de danger, il faut exiger d'eux très-peu dans les commencements de leur instruction. Il faut leur passer souvent des fautes, proportionner le travail à leur force, à leur mémoire & à leur bonne ou mauvaise volonté; les tenir très-long-temps à la même leçon, pour les bien confirmer avant de passer à une autre; les remettre

tre au caveſſon , & les mener ſur le
cercle à la moindre défenſe ou ſimple
réſiſtance ; les flatter beaucoup & les
finir , lorſqu'ils exécuteront ce qui leur
coûte le plus à faire. D'une choſe à
l'autre , à l'aide de la plus conſtante
patience , on les réduira & amènera à
tout ce qu'on peut exiger d'un cheval ;
à moins que quelques - uns des vices
dont nous venons de parler , ne fuſſent
occaſionnés par une mauvaiſe organi-
ſation , ou que la perſonne qui l'éduque n'eût point égard aux parties vi-
ciées de l'animal.

Il y aurait beaucoup de choſes à dire
encore ſur les défenſes des chevaux
ramingues & autres ; mais comme il
ne convient qu'aux vrais Écuyers d'entreprendre de les corriger & de les
inſtruire , je m'en tiendrai à ce qui eſt
expliqué à cet égard ; & je finirai par
quelques remarques ſur ce qui cauſe la
diverſité des caractères.

H

CHAPITRE VII.

De la diversité des caractères & de ce qui les occasionne.

La facilité qu'ont les chevaux, ainsi que plusieurs autres quadrupèdes, à se nourrir des végétaux qui sortent abondamment sur toute la surface de la terre, & à se désaltérer de l'eau des fontaines & des ruisseaux, les rendrait sauvages & indomptables, si l'homme industrieux ne les avait pas soumis à ses volontés, en les renfermant dans des écuries ; & faisant dépendre de lui les moments de satisfaire à leurs besoins pressants par la distribution des aliments qui leur sont propres. C'est à raison de ces besoins, auxquels nous satisfaisons, quand nous le jugeons à propos, que les chevaux les plus furieux se laissent approcher, toucher, ferrer, seller, emboucher, panser & battre même par le palfrenier qui les soigne, sans se défendre, sur-tout quand il a l'intelligence de ne leur rien donner qu'après avoir obtenu d'eux ce qu'il leur demande (1); ce qui dans ce cas ne sera qu'une récompense pour la soumission & obéissance de l'animal, qui n'a aucunement besoin pour goûter le bien être attaché à son existence, d'avoir des fers sous ses pieds, un mords dans la bouche, la selle sur le corps, & de plus un homme souvent très-incommode par le balancement irrégulier de son corps & de ses jambes, & une infinité de choses qu'il exige mal-à-propos. Ce sera avec des soins

____

(1) Terme de Cavalerie dont on se sert pour exprimer l'action de l'animal, qui obéit à ce qu'on exige de lui, eu égard à la volonté du Palfrenier qui le soigne, ou du Cavalier qui le dresse.

bien dirigés , que l'on réussira à leur
faire entendre que les aliments qu'on
leur donne ne leur parviennent qu'à
raison de leur docilité & de leur obéissance ; en un mot, que c'est pour eux une
nécessité d'obéir , afin d'avoir tout ce
qui leur convient. Ce principe suivi
avec intelligence , on pourra réduire à
une assez grande obéissance les chevaux
les plus sauvages & les plus dangereux , & mener très-loin , avec le secours de la plus constante patience ,
cette première instruction, comme de les
dresser au montoir , sans qu'ils fassent
aucun mouvement ; de se faire suivre
sans tenir les rênes , & simplement en
marchant devant eux ; de les arrêter sur
le champ , pour qu'ils restent immobi-
les , en prononçant un mot de conven-
tion (1) ; de les dresser au bruit des cors

---

(1) Qu'on fasse attention à l'exactitude & à la
docilité avec laquelle les chevaux de somme & de
voitures s'arrêtent, partent, tournent à droite ou

de chasse, des armes à feu, du tambour & des intonations les plus terribles, &c.

*Industrie des hommes pour soumettre &
rendre les chevaux agréables.*

Les seconds moyens que les hommes curieux & savants ont employés pour dresser les chevaux, sont les caresses, les châtiments, la contrainte & la récompense occasionnée par la cessation ou moindre intensité de douleur. Ces moyens ne sont pas aussi puissants que les premiers ; mais comme ils sont réitérés plus souvent, ils produisent plus d'effet avec le temps. Le grand Art consiste à bien s'en servir, en jugeant du moment des degrés relatifs à l'action, à la mémoire, à la force, à la

à gauche, à la voix de leur conducteur, sans qu'il soit question de faire usage des rênes, pour se convaincre de ce dont ces animaux sont capables.

souplesse, à la circonstance, à l'instruction, & à la bonne ou mauvaise volonté de l'animal que l'on éduque, &c.

Impression des corps sur les organes des chevaux.

Jugeons d'après les premières impressions des chevaux, & concluons que les habitudes qu'ils contractent avant qu'ils soient montés, viennent de la manière de les soigner, de leur présenter les objets, ou de leur faire entendre le bruit des corps, qu'ils fuient, qu'ils voient indifféremment, ou qu'ils recherchent. Des chevaux sont à paître dans la prairie : l'enfant du Fermier qui les conduit, leur apprend à craindre & à fuir la gaule ou fouet dont il se sert pour les chasser : voilà pourquoi ils obéissent plus volontiers à l'aide de la gaule, lorsqu'on les commence dans un manége, ou de la chambrière, que

de toute autre chofe. Ils apprennent
auffi à courir & à fuivre leurs mères ou
d'autres chevaux, à fauter des foffés,
des haies, à juger de la profondeur
d'une marre, du danger qu'il y a de
traverfer un marais ou gazon mouvant ;
ce qui fait qu'ils refufent de les paffer
quand ils font montés ; qu'ils tremblent
lorfqu'ils font preffés par les aides du
Cavalier ; & retenus par le danger qui
fe préfente.

Effets de l'attachement qu'ont les chevaux pour leur efpèce.

L'habitude de fuivre leurs mères fait
qu'ils refufent, lorfqu'on commence
à les monter, de fe porter en avant,
de tourner à droite ou à gauche au gré
du Cavalier ; qu'ils lui réfiftent enfin.
Quant au defir qu'ils ont d'être fans
ceffe avec leurs femblables, defir naturel à tous les êtres, il exifte toujours,

& devient un besoin qui agit continuellement sur eux, retarde leur instruction & les progrès que ferait leur mémoire dans les différentes leçons qu'on
leur donne (1).

De quelques causes qui produisent en eux
la frayeur.

Les chevaux fuient les objets qui

---

(1) C'est la compagnie de leurs semblables qui
les tient dans l'escadron, malgré le violent exercice
& les douleurs qu'ils endurent. Quelquefois ils
font des pointes, mordent, se traversent & se
couchent à droite ou à gauche sur ceux qui les
avoisinent pour se procurer un peu de place & ne
pas être aussi pressés ; mais rarement ils sortent du
rang, à moins qu'une puissante compression ne se
fasse sentir sur les épaules, ce qui les fait rester en
arrière. Si c'est sur les hanches, ils sont élancés
en avant malgré la résistance qu'ils opposent dans
l'un & l'autre cas. Quand c'est au milieu de leur
corps, ils restent & quelquefois tombent morts
dans le rang.

leur ont fait du mal. Un bâton, une gaule, un fouet dont on les aura frappés, seront pour eux un sujet de crainte qui existe long-temps. Les Maréchaux qui les piquent en les ferrant, ou qui les font souffrir en leur faisant des incisions aussi mal-adroitement que souvent hors de propos, ne peuvent les approcher qu'avec peine quand ils ont leur tablier & leurs outils. Les armes à feu; les corps qui ont la surface polie, comme l'acier, les glaces & l'eau pendant la nuit; les moulins, les ponts de bois; un arbre abattu, un poteau droit & isolé les effraient singulièrement. Il en est de même des corps sonores, du blanc, du noir, du bruit que l'on fait en froissant du papier. Une feuille agitée par l'air, après un moment de calme, fera fuir un cheval à toutes jambes, surtout si on le sort rarement de l'écurie. Les odeurs infectes des boucheries, des cadavres, &c. les épouvantent aussi beaucoup (1). Les animaux n'ont qu'une idée incomplexe des corps dont ils ne connaissent les effets qu'après qu'ils en ont été plus ou moins affectés pour leur bien ou mal-être, sans avoir aucunes notions des causes qui les produisent. Il est tout simple qu'un linge d'un volume égal à un lingot de plomb, qui tombe d'un endroit quelconque, & qui sera un million de fois plus léger, leur fasse autant de frayeur que la masse que je mets en comparaison (2).

---

(1) D'après ce que j'ai vu en différentes occasions, je parierais rompre un escadron, en courant ventre à terre dessus, & en présentant subitement à huit pas une lance, au bout de laquelle il y aurait une longueur de taffetas blanc attaché, que j'agiterais vivement & circulairement autour de moi, sans toucher les chevaux.

(2) Les hommes eux-mêmes, quelle que soit leur portion d'intelligence, sont surpris & effrayés de tout ce qu'ils ne connoissent pas ; ils hésitent, ils

Besoin qu'ils ont de veiller à leur con-
servation.

Les chevaux ne s'occupent que de ce qui leur est nécessaire pour leur subsistance, & qu'à fuir les choses qui leur font nuisibles : voilà pourquoi, ne trouvant rien en l'air, ils ne sçavent pas lever la tête, & ne regardent qu'à terre ou de côté. En les approchant, si vous leur présentez quelque chose, ils regardent d'abord attentivement, puis ils s'approchent à leur tour pour flairer si la chose est nuisible ou bonne à man-

---

vacilent, ils tremblent à la vue des objets qui n'ont pas encore frappé leurs sens jusqu'à ce qu'ils se soient familiarisés avec eux, & que l'expérience les ait rendu certains qu'ils ne peuvent leur faire aucun mal ; il n'est donc pas surprenant si les animaux sont effrayés toutes les fois que des objets agissent sur eux d'une manière nouvelle & inattendue.

H 6

ger. Si elle leur fait du mal, ils la fuient & s'en souviennent long-temps ; si elle convient à leur goût, ils portent la dent dessus ; si elle ne leur fait ni mal ni bien, elle leur devient indifférente, ils ne s'en occupent plus. Les approche-t-on, en les frappant avec un fouet ou un bâton, ils s'éloignent, souvent lancent des ruades pour se défendre, & lorsqu'après les avoir maltraités ainsi, on veut de nouveau les approcher sans les avertir de la voix, la nuit sur-tout, ils mordent, ruent & donnent des coups de pieds de devant ou de derrière, pour prévenir & éloigner d'eux les objets qui pourraient leur faire du mal ou seulement les inquiéter.

Ce que je viens de dire suffit pour faire juger des causes qui font la diversité des caractères, & cette partie de la première éducation du cheval, n'est point à négliger, pour parvenir promptement à une éducation plus complète. Quant au cheval échappé, qui court dans les rues d'une ville, sur les routes, en plaine ou sur une place, qui bondit sur le sol, en exerçant & usant de ses for- ces, il n'est aucunement dangereux , lorsqu'on reste en place. Pour jouir de sa liberté, l'animal s'éloigne de ceux qui pourraient la lui ravir en l'arrêtant dans ce moment de gaieté & de joie pour lui. S'il rue, c'est pour dénouer ses hanches & faire agir les ressorts de sa machine, & point du tout pour faire du mal ; cependant on fuit & on s'effraie en voyant un tel cheval, parce qu'on prend pour une action de fureur & de rage les bonds & les différentes attitu- des que présente ce superbe animal (1), troussant sa queue, dressant sa crinière, ouvrant ses naseaux, poussant l'air avec bruit & force de ses poumons qui se

____

(1) C'est comme si l'on prenait les cris & les jeux des enfants qui folâtrent entr'eux, pour des sentiments de colère & un dessein de se détruire.

dilatent, prenant une attitude noble
& fière, levant fes jambes d'un mouvement gracieux & cadencé, s'élevant du fol des quatre pieds, & reftant
un inftant comme fufpendu, puis conduit par la force de l'habitude, il court
de lui-même à l'écurie, où il devient
de nouveau l'efclave des volontés des
hommes, qui fouvent lui font endurer
un traitement cruel, en reconnaiffance
des bons fervices qu'il leur rend journellement (1).

---

(1) Ne dirait-on pas après avoir vu le brillant,
la légèreté, la nobleffe, le courage & la fierté de
ce fuperbe animal en liberté, que l'état trifte,
abattu & de langueur où il fe trouve quand il eft
dans les liens, eft une marque qu'il fent & gémit
de fon efclavage ? Cette réflexion en amène une
autre morale & plus certaine ; c'eft l'effet de la
dépendance qui a toujours retréci le génie de
l'homme & abbaiffé fon courage. Malgré cette vérité, on voit fouvent que chacun dans fa place ufe
plus ou moins du pouvoir que le hafard & les
conventions bonnes ou mauvaifes lui ont confié

CHAPITRE VIII.

Soins que l'on doit prendre pour choisir & dresser un cheval propre à monter les personnes des deux sexes, qui desirent exercer pour acquérir de la santé ou l'entretenir.

Si les femmes, les hommes d'un certain âge, & les corps cacochymes connaissaient l'avantage des exercices, & sur-tout de celui du cheval ils préféreraient certainement à l'inaction pernicieuse à laquelle on s'habitue insensiblement par mollesse, & par ce que l'on nomme le bon ton, un exercice modéré & indispensable pour entretenir le corps sain, vigoureux, souple, léger, adroit, & le mettre à l'abri des infirmités jusqu'à un très-grand âge.

Les perſonnes qui ſont les plus la-
borieuſes & les plus actives, doivent
toujours être en garde contre le pen-
chant naturel qui nous porte au repos,
lorſque nous avons atteint l'âge viril. Il
eſt d'autant plus difficile à vaincre, que
nous ne paſſons jamais de l'inertie au
mouvement qu'avec peine (1). Il n'eſt
pas néceſſaire d'avoir recours aux grands
raiſonnements pour ſe convaincre de
la vérité de ce que je viens de dire ; on
n'a qu'à examiner les gens de la cam-

---

(1) La molleſſe à laquelle nous ſommes ſi en-
clins, a ſans doute, autant que l'intérêt, introduit
le langage ſuivant. Lorſqu'on va voir ſes meilleurs
amis qui ſont indiſpoſés, on leur recommande
de prendre du repos & d'éviter le mouvement.
On dit ou l'on écrit ſouvent : je vous ſouhaite la
tranquillité du corps & de l'eſprit, pour goûter les
plaiſirs de la vie, &c. On ignore que c'eſt le grand
& le continuel mouvement qui tranquilliſe l'eſprit & nous met à même de ſentir de toute manière l'avantage d'une belle exiſtence.

pagne, & sur-tout les habitants des montagnes, quoique la plus grande partie ne soit pas alimentée proportionnément au grand exercice qu'ils font journellement, dans toutes les saisons, & que leurs logements soient la plupart infectés par la fermentation d'une quantité de choses qu'ils n'ont pas le soin d'éloigner d'eux, pour juger de l'avantage réel que leur donne l'exercice sur les Habitans des villes, & sur-tout sur les Grands & sur les millionnaires, dont ils envient sans cesse le sort (1).

---

(1) Les riches sont entourés de beaucoup de personnes qui font tout pour eux ; ce qui les prive de se donner les mouvements qui leur seraient avantageux de prendre, & qu'exigent les besoins continuels de toute espèce. Ils se ferment hermétiquement dans leurs appartements, changeant le jour en nuit : au-lieu d'exercer & nâger dans un air salutaire, ils en respirent un chargé de particules hétérogènes, dont ce fluide subtil se trouve imprégné.

Effets d'un trop grand repos.

L'inertie où nous reſtons trop long-temps & trop ſouvent ſe manifeſte par un déſordre, un affaiſſement, une langueur dans la machine qui rend le moindre exercice pénible ; les organes s'affaibliſſent conſidérablement ; les ſenſations ne ſont plus les mêmes ; les humeurs croupiſſent dans les canaux & les réſervoirs qui les contiennent, le dégoût ſe fait ſentir, ainſi que le manque de forces, l'inſomnie, la peſanteur de la maſſe ſur les jambes quand on ſe tient quelque temps debout. On tombe dans l'apathie, l'ennui, la triſteſſe ; puis ce ſont les vapeurs qui viennent auſſi faire des ravages ; enfin, une perpétuelle langueur qui met le comble à tous ces maux, & nous fait trouver notre exiſtence inſupportable (1).

____

(1) Parmi le grand nombre d'exemples que

On a recours, quand on se trouve dans cette fâcheuse situation, aux remèdes destructifs & aux Médecins, dans le grand nombre desquels il s'en trouve qui, pour se ménager les bonnes graces d'une jolie malade, ou celles d'un homme indolent, qui craint la peine,

---

J'ai vus dans les différents endroits que j'ai habités, sur les effets du repos, un entr'autres doit être rapporté. Un Particulier, Cuisinier presqu'honoraire dans une Abbaye aisée où tout abonde, comme dans plusieurs autres du Royaume, s'était tellement engraissé dans l'inaction & par la quantité de mets succulents, que son corps ne semblait plus être qu'une masse informe. Cet individu était obligé de se tenir presque toujours assis, ne pouvant marcher ni rester debout que d'instant à autre; il avait, outre cela, beaucoup de peine à respirer; il était conséquemment dans un état toujours incommode. Fort heureusement pour lui, un revers lui ôta sa place & se réduisit à cultiver son bien pour vivre. On vit dès-lors cette boule de graisse s'allonger & se changer en une maigreur

conseillent les choses qui coûtent le moins à faire. On protège la paresse; on est exact à faire de fréquentes visites ; on redouble de soins inutiles; on augmente le nombre des surveillants; on affaiblit le jour d'un appartement: enfin, tout est fermé jusqu'aux rideaux du lit pour ne laisser aucune issue à l'air, pendant qu'il ne faudrait qu'une diète

---

aussi étonnante que favorable à l'être dont il s'agit, qui devint fort, ingambe & vigoureux. Quelque temps après, par un évènement inattendu, il fut de nouveau réhabilité dans son ancien emploi, où il prit en peu de temps l'embonpoint nuisible qu'il avait eu ; mais plus incommodé que la première fois, il prit de lui-même le parti de se retirer dans sa triste campagne, où il retrouva le bien-être dont il avait joui précédemment, & conserva, par cette sage précaution, la vie qu'il allait perdre infailliblement. Il faut observer que cet homme est aujourd'hui très-vieux & néanmoins bien portant, quoiqu'il y ait trente ans écoulés depuis sa dernière épreuve.

rigidement obfervée ; boire de la ti-
fanne ou de l'eau , & exercer de toutes
fes forces dans un bon air , pour fe tirer de l'efpèce de léthargie que nous
procure l'inaction (1),

J'efpère que ce que je viens de dire,
qui paraît n'être plus du reffort de l'É-
quitation, fera regardé comme un defir
de ma part d'être utile à mes Lecteurs,
en leur faifant envifager les conféquen-
ces d'un trop grand repos , qu'il eft important de connaître pour conferver la
fanté qui nous eft fi précieufe dans les
différents âges. Guidé par les principes
d'humanité ; je me fuis laiffé entraîner

______

(1) Il femble que nous n'avons pas affez des
maux naturels ou accidentels, puifque, de deffein
prémédité, nous allons, par notre dangereufe
pareffe, au-devant de cette foule d'infirmités qui
nous accablent enfuite dans un âge avancé, dont
fouffriront après nous, fans doute, nos fucceffeurs
en bien & en mal.

par l'intérêt que je prends au bien général & particulier, à des réflexions dont
la pratique des exercices de toute efpèce m'a fait appercevoir la folidité. On
aurait donc tort, je penfe, d'improuver
mes vues à cet égard, & de ne pas ex-
cufer en faveur de l'intention, cette
digreffion que je crois utile.

Attentions qu'il faut avoir pour choifir
des chevaux convenables aux Femmes.

Les premiers foins qu'on doit avoir
pour choifir un cheval, confiftent 1°. à
s'affurer de l'âge qui doit être de cinq
ou fix ans ; 2°. à examiner s'il a la vue
bonne ; 3°. fi fa tête eft bien attachée,
& fi elle n'eft point trop groffe ; 4°. fi
l'encolure, les jambes, les épaules, les
reins & l'enfemble de l'animal annoncent qu'il foit nerveux, folide, qu'il
ait du reffort, & qu'avec de la vigueur
il foit froid, même un peu dur aux ai-

des; 5°. si cela se peut, qu'il soit de taille
d'Hussard, ou tout au plus, de taille
de Dragon, & qu'il ne s'effraye point
soit en route, soit dans les rues, &c.
Une personne entendue l'exercera quelques jours à la longe, comme je l'ai expliqué à la premiere Leçon. A la fin de
chaque reprise, il faudra l'approcher
avec précaution, le flatter & le dresser
au montoir en prenant les soins que j'indique ci-après. Si l'on desire assouplir,
régler l'allure & habituer le cheval à
partir aisément au galop, on trouvera
encore dans les Leçons les moyens qu'il
faut employer pour l'instruire au point
où on le voudra pour tous les usages où
l'on peut mettre un cheval de selle.
Ainsi il ne s'agit ici que d'indiquer ceux
qu'on doit mettre en pratique, afin de
prévenir les dangers qu'il peut y avoir
pour les personnes qui n'ont pas d'assiette & qui desirent exercer à cheval.

OBSERVATIONS.

Je conseille premierement aux Dames de préférer, à tous égards, de monter comme les hommes, & avec les habits de ce sexe, pour avoir plus de fermeté; car, outre le mouvement incommode & fatiguant qu'occasionne la position lorsqu'on a les deux jambes du même côté, il est beaucoup plus difficile de se tenir à cheval placé ainsi; & les chûtes, de quelque manière qu'elles arrivent, font toujours plus dangereuses. Au lieu d'éperon, on donnera une gaule ou un petit fouet pour chasser le cheval, à moins que la personne qui le monte ne conserve bien son sang-froid, & ne joigne point ses jambes au corps de l'animal pour se tenir dessus, s'il venoit à bondir sur le sol. Quand on fera un temps de galop, il faudra que les Cavaliers qui accompagneront les Dames, aient soin de rester un peu derrière pour que les chevaux

vaux qui feront devant ne s'emportent pas ; ce qui arrive prefque toujours lorfqu'on court de front, parce qu'ils ont la jaloufe ambition de fe précéder, & cela fouvent jufqu'à perdre haleine.

Si, faute de perfonnes en état de dreffer un cheval, on était obligé d'en monter un autre, il faudrait pour lors le choifir pareffeux, dur aux aides, ou ce que nous appellons *roffe*, parce que fans une bonne tenue, il eft très-dangereux de monter des chevaux vigoureux, légers, fenfibles ou ombrageux qui n'auraient point été dreffés & habitués aux différentes preffions des jambes, & à s'arrêter à la voix, &c ; de manière que les femmes & les Cavaliers qui n'auront point été affurés avec de bons principes d'Équitation ne peuvent monter que pour fe donner le mouvement utile à leur fanté, & nullement pour goûter l'agrément qu'il y a d'exercer fur un brillant & vigoureux cheval qui, par

I

ſa courſe légère & rapide, ſemble être porté ſur des aîles. Au ſurplus, quoique les Dames aient les hanches plus groſ-ſes & les feſſes plus charnues que les Cavaliers, elles pourront, avec un peu d'aſſurance, acquérir d'abord une bonne tenue, en les plaçant d'à-plomb, parce qu'elles ont plus de ſoupleſſe dans les reins que les hommes, & qu'elles em-ploient moins de force en exerçant,

CHAPITRE IX.

Des Principes pour dresser les chevaux au montoir.

APRÈS qu'un cheval sera bien accoutumé à souffrir la selle & la pression des sangles sans inquiétude, il faudra le faire conduire dans un lieu éloigné du bruit, (& s'il se peut fermé comme un manége) avec un bridon dans la bouche & un caveßon à la tête, comme si on voulait le faire trotter à la longe. On approchera l'animal entre l'épaule & le ventre, pour éviter les coups de pieds ; prenant la troisième poßition de la danse, on saisira avec la main droite, l'étrier gauche, que l'on chaußera lentement & sans toucher le ventre du cheval. S'il reste en place, il faut sur le champ ôter le pied de l'étrier & le flatter : si au contraire l'animal voulait s'enfuir, on donnera de petites saccades du bridon que l'on tiendra, pour cet effet, dans la main gauche à rênes égales jusqu'à ce qu'il reste tranquille ; on se servira aussi de la voix, en même temps, pour chercher à le calmer en prononçant le mot *holà*. Lorsqu'il restera en place, quand on aura le pied à l'étrier, on fera dessus une légère pression, puis on le flattera, s'il reste immobile ; & par degrés on augmentera cette pression jusqu'à faire porter le corps, observant continuellement de le flatter quand il reste en place, & d'avoir recours aux légères saccades du bridon dès qu'il veut s'enfuir. Par ce moyen réitéré avec intelligence, pendant quelques jours, on parviendra à le faire rester en place, immobile, & à souffrir le poids du Cavalier sur la selle ou sur la croupe ; on pourra se servir d'un marche-pied ou d'une échelle même, si l'on veut, pour

monter & enfourcher le cheval, auparavant le plus inquiet & le plus ſenſible.
Il eſt à remarquer que la correction du
bridon fera beaucoup plus d'effet, ſi le
Cavalier a l'adreſſe de s'en ſervir dans
l'inſtant que l'animal inquiet ſe diſ-
poſe à ſe porter en avant ou à ſe traverſer ; car dans cette occaſion, comme
dans toutes les autres, il eſt infiniment
plus avantageux de prévenir la faute
que de corriger, ſur-tout pour les chevaux ardents & ſenſibles.

CHAPITRE X.

Des soins qu'il faut prendre pour dresser les chevaux au feu.

Dans cette Leçon, comme dans toutes les autres, on ne doit jamais se départir d'une patience à toute épreuve, si l'on veut accélérer l'instruction d'un Élève. Avec cette qualité que doivent indispensablement avoir les personnes qui s'occupent à exercer & à dresser les chevaux, elles parviendront, à l'aide du temps & des gradations bien observées à accoutumer au feu, au bruit du tambour, aux sons aigus des trompettes, au cliquetis des armes de toute espèce & aux détonations les plus considérables, le cheval le plus fougueux & le plus ombrageux.

Précis de ce qu'il faut mettre en pratique pour remplir ces vues.

Soit que la perſonne, qui ſe charge de ce ſoin, monte ou ne monte pas l'animal, auquel il faut mettre un caveſſon, elle fera jouer les reſſorts du chien ou du baſſinet d'une arme à feu, puis la préſentera au cheval pour la lui faire flairer. S'il s'en effraie, il faudra le calmer de la voix, en l'approchant avec ſoin, & dès qu'il ſera un peu tranquille, le flatter long-temps avec la main ; enſuite on ajoutera, au bruit des reſſorts, dès la première leçon, une amorce, ayant l'attention de laiſſer voir à l'animal tout ce que l'on fait. L'amorce étant brûlée, il faudra de nouveau lui préſenter l'arme, & la lui faire ſentir juſqu'à ce qu'il ne s'en effraie pas, avant que de recommencer, en continuant de le flatter dès qu'il eſt tranquille ; ôter de sa préfence , dans cet inftant feulement, l'objet de fa peur, & le ramener à la même place qu'il aura d'abord occupé , s'il s'en était un peu écarté, en fe fervant du bridon & du cavefson. Quand il fera bien accoutumé à ce petit éclair que produit l'amorce en brûlant, on ajoutera une petite charge , qu'il faudra graduellement augmenter , & proportionnellement au plus ou moins d'inquiétude ou de tranquillité qu'on appercevra en lui.

Si l'on donne cette leçon à la fin d'une journée fatigante, par le grand exercice qu'il aura fait, il y aura beaucoup plus de facilité & de fuccès. Il faut avoir le plus grand foin de ne jamais brûler le cheval avec les amorces, ni le toucher avec quelques grains de poudre en faifant feu. Cela retarderait confidérablement l'inftruction, & même ferait manquer le but.

Quant au grand nombre de grada-

tions que l'on trouve écrites dans pluſieurs ouvrages, & juſques dans celui
de l'Encyclopédie; je penſe, d'après les
convictions d'une aſſez longue expérience, qu'il y en a beaucoup d'inutiles;
telles, par exemple, que la précaution
que l'on prend de cacher l'arme au cheval qu'on veut dreſſer au feu, de
mettre un piſtolet dans l'auge quand il
mange l'avoine, de frapper avec un gros
bâton ſur une porte, de faire ſentir
l'odeur de la poudre, &c. en faiſant
mouvoir le chien ou la batterie d'une
arme à feu, ſans la préſenter au cheval
qui ne la connaît pas; en brûlant même
des amorces: ſi cela ſe paſſe ſans qu'il le
voye, on s'appercevra ſûrement qu'il
n'en tiendra aucun compte, parce que
le bruit ſera moins grand que celui qu'il
entend tous les jours autour de lui, qui
ne lui fait cependant ni mal ni bien,
ſeules cauſes qui pourraient le rendre
attentif & le porter à rechercher ou crain-

dre la chofe. La fumée n'effraie les chevaux qu'à caufe du bruit qui la précède,
& dont elle eft la fuite vifible par l'effet
prompt qui ébranle fortement leur tym-
pan, & fait mouvoir le poil dont ils font
couverts pendant les vibrations de l'air
dilaté par la chaleur lors de l'explofion;
en frappant contre une porte, on caufe
une furprife aux chevaux, femblable à
celle que nous éprouvons quand quelque bruit arrive & frappe fortement nos
organes avant la réflexion; fentiment
que tous les raifonnements ne fauraient
détruire, mais feulement modifier. On
juge bien que les animaux ne fe corrigent pas plus que nous de la furprife;
il eft donc indifpenfable de leur faire
voir l'objet qui produit tel effet, felon
tels ou tels mouvements ou prépara-
tions qui l'annoncent, difpofent l'organe qui doit être affecté à en recevoir
l'impreffion, & la rendent, dans ce
cas, plus fupportable.

Que les animaux regardent le mouve-
ment comme une qualité dépendante
des corps.

Quoique j'aie dit ailleurs que les animaux n'ont qu'une idée incomplexe des
corps, c'eſt-à-dire, de leur exiſtence ſimplement, je n'ai point prétendu exclure
de leurs connaiſſances, celle du mouvement qui peut ajouter à cette exiſtence un choc douloureux, par leur rencontre avec le corps de l'animal ; car ſi
un bâton levé par la main d'un homme,
ou quelqu'autre cauſe, tombe ſur lui ;
une autre fois lorſqu'il le reverra levé,
quoiqu'immobile, ainſi que le fouet
qui l'aura pincé en claquant, lui en feront craindre le mouvement & le bruit.
Le ſifflement de la gaule, le mouvement
des jambes du Cavalier, qui aura *cor-*
rigé des deux éperons, produiront le
même effet. Ainſi la poſition, la confi-
guration & le mouvement donnés à cer-

I 6

tains corps dans différents degrés, feront
ce que nous appellons *les aides*, conféquemment rendront attentif, & don-
neront de la crainte à l'animal qui les
verra ; quand ces degrès feront confidérables, & que la caufe ne lui en fera
pas connue par des épreuves réitérées à
propos, alors l'effroi & la terreur s'em-
pareront de lui ; il fuira & fe précipi-
tera même dans un abîme, parce que
fes facultés étant toutes à l'objet qui
l'effraie, il n'aura pas le temps de comparer & de juger fi le danger qui lui
fait prendre la fuite eft moins grand
que celui où il court (1).

---

(1) On a effayé fans fuccès dans plufieurs Corps
de Cavalerie, de dreffer au feu beaucoup de chevaux enfemble dans une même écurie, en tirant
des coups de piftolets tous les jours avant de leur
donner l'avoine. On fe ferait difpenfé de ce foin,
fouvent inutile, fi l'on avait réfléchi qu'il ne faut
qu'un cheval peureux pour effrayer tous les autres

Dans cette occaſion, comme dans toutes les autres, concernant l'inſtruction des chevaux, j'étaie mes principes de pareils raiſonnements qui me ſemblent être puiſés dans la nature. Si l'on en prouve la fauſſeté, je conviendrai que tout ce que j'ai écrit ſur l'Équitation, n'eſt qu'une longue & permanente erreur; ſi, au contraire, ils s'accordent avec la vérité; que l'on ne ſoit pas étonnés ſi mes principes diffèrent dans beaucoup d'endroits de ceux qu'on a donnés, dont j'ai toujours été mécontent, & deſquels, néanmoins, je n'aurais rien dit, ſi la vérité, en fait d'art & de connaiſſance utiles, devait reſter ſans vigueur.

---

par le bruit ſeul qu'il fait avec ſes naſeaux, à-peu-près ſemblable à celui qu'on rend par le mot *ébrouer*. Il eſt donc indiſpenſable, pour bien dreſſer les chevaux au feu, de les accoutumer un à un dans un lieu écarté.

CHAPITRE XI.

Des Aides, des Châtiments, de la position de la main & de ses effets.

C'est moins l'énumération, les divisions ou subdivisions des aides, que celle de leurs degrés & des effets relatifs à ces degrés, que je fais dans ce Chapitre. Les meilleurs Auteurs que je connoisse sur l'Équitation, ont dit : « que
» les aides étaient des avertissements que
» l'on donnait aux chevaux, qu'ils allaient
» être corrigés s'ils n'obéissaient pas
» promptement aux mouvements du Ca-
» valier ; que les châtiments devaient
» leur inspirer de la crainte, & les faire
» obéir : que les chevaux ont trois sens
» sur lesquels on peut opérer : le sens
» du toucher, celui de l'ouïe & celui de

„ la vue ; que c’eſt dans l’accord des
„ aides avec les opérations de la main
„ que l’on peut bien dreſſer un cheval ;
„ que les aides conſiſtent dans les diffé-
„ rents mouvements de la main qui
„ tient la bride , dans l’appel de la lan-
„ gue, dans le ſifflement & le toucher
„ de la gaule, dans le mouvement des
„ cuiſſes , des jarrêts & des gras de
„ jambe, dans la manière de peſer ſur
„ les étriers & dans le pincer délicat de
„ l’éperon; que les mouvements de la
„ main ſont de la baiſſer ou de la lever,
„ de la porter à droite ou à gauche en
„ fauſſant, arrondiſſant, & enfin en
„ eſtropiant le poignet; que l’on ap-
„ pelle de la langue, en la repliant vers
„ le palais; qu’on fait ſiffler la gaule, en
„ la baiſſant en avant & en arrière; qu’il
„ y a dans les jambes du Cavalier cinq
„ aides, c’eſt-à-dire, cinq mouvements,
„ celui des cuiſſes , celui des jarrêts ,
„ celui des gras de jambe & celui du

» pincer délicat de l'éperon, &c. (1) ».

Tous ces détails qu'on trouve dans M. de la Guériniere, & dans beaucoup d'autres, n'inftruifent point un Élève ni les amateurs qui les étudient : il faut en venir aux degrés néceffaires fuivant les cas, dont je vais donner une idée par les explications fuivantes.

---

(1) Voyez École de Cavalerie, par M. de la Guérinière. S'il y a cinq mouvements où aides dans les jambes, celui des cuiffes n'en doit pas être un ; j'ajouterai même que l'aide du pincer délicat de l'éperon doit être fupprimée, parce que le pincer eft une correction par la douleur aiguë qu'il fait fentir à l'animal. Que feront donc les châtiments, fi les éperons font des aides ? Cet Auteur ne parle point des effets de l'aide du corps, la plus néceffaire, la plus employée, celle enfin dont toutes les autres dépendent ; & cependant quel eft l'homme de cheval qui ne conviendra pas que c'eft avec l'aide du corps qu'il tient droit, chaffe, arrête, calme, occupe & contient à chaque inftant le cheval qui exerce fous lui ?

PRINCIPES.

Toutes les aides, quoi qu'on en dife, peuvent devenir plus ou moins fortes & plus ou moins douces. Ce font les degrés qui les augmentent ou les modifient, pourvu que l'on ait l'affiette ferme & aifée, qui procure l'avantage de s'en fervir à volonté. Commençons par l'aide du corps, qui eft la plus généralement employée, & fans laquelle toutes les autres ne font rien. Je fuppofe que l'on exerce un jeune cheval qui n'aura eu que très-peu de leçons ; foit par gaieté, ignorance ou malice, l'animal fe traverfera, bondira, fe déplacera, ira vîte ou trop doucement ; fera trop raffemblé ou marchera d'un pas ou trot lâche, en traînant la cadence, ira l'entrepas, le traquenard ou l'amble, &c ; s'il fe traverfe, l'affiette concourra à le contenir ou à le redreffer en preffant de l'une ou de l'autre des feffes ; on foutiendra la main en fe

grandiſſant; on s'aidera même des jambes, juſqu'à ce que le cheval ſoit droit,
puis on rendra, & on ſe mollira dans
toute l'habitude de la machine, en s'u-
niſſant bien à ſes mouvements; ce qui
le mettra à ſon aiſe, quand il ſera droit,
& lui donnera à entendre, comme je
l'ai dit dans mes Leçons, qu'il doit y
reſter pour n'être point inquiété. Si
l'animal ne vous comprend pas cette
première fois, ce qu'il ne faut pas imaginer, à moins qu'on ne croie que le haſard l'ait fait obéir, on recommencera
ſans impatience, & ſans lui faire de
correction, ce que je viens d'expliquer,
& il ſentira alors les épreuves que l'on
fait ſur lui, qui le mettent plus ou
moins à ſon aiſe.

Degrés ou puiſſance plus ou moins grande
des aides relative au beſoin.

Pour redreſſer l'animal, vous aurez
d'abord ſoutenu légèrement la main;

s'il n'a pas répondu à ce premier degré
d'impreſſion, vous paſſez à un ſecond,
à un troiſième, & de plus en plus, juſqu'à ce qu'il réponde ; la preſſion des
feſſes aura auſſi augmenté au même inſtant par degrés ; la jambe qui eſt venue
à l'aide, en aura fait autant. Si enfin il
ne répondait point à ces degrés bien mé-
nagés & répétés, c'eſt dans ce cas qu'il
faut le châtier avec les éperons, en le
pinçant vigoureuſement des deux pour
le rendre attentif ; alors il comprendra.
On m'objectera, peut-être, que, le cheval
dans les commencements ſe traverſant
à chaque inſtant, il faudrait donc ſans
ceſſe le corriger. Je réponds qu'un châtiment bien employé, tient un cheval
en crainte très-long-temps, & que,
d'ailleurs, il ne ſera pas néceſſaire de
le corriger, ſi on lui a fait connaître
les aides, comme je vais l'expliquer
ci-après.

Revenons auparavant aux mauvaiſes

habitudes dont j'ai parlé. Si le cheval voulait bondir sur le sol, courir, passer d'une allure à l'autre, si seulement il avait un peu d'inquiétude; soyez ferme & en même temps liant sur la selle; marquez quelques demi-arrêts, & rendez à propos sans le contraindre; ne donnez point trop de liberté, & vous verrez qu'il se calmera, & obéira tout de suite, réglera son allure aux mouvements de votre main; s'allongera, s'il est chassé des jambes, quand il est trop rassemblé; & enfin, s'il se déplaçait, il se corrigera, si le Cavalier pratique ce qui a été dit aux Leçons & au Chapitre des défenses des chevaux, où je renvoie mes Lecteurs, pour ne pas me répéter.

Veut-on faire connaître à l'animal l'aide des jambes? qu'on les approche de son ventre; s'il n'augmente pas son action ou allure, il faudra presser un peu plus en rapprochant les deux talons pour le pincer, s'il n'a pas répondu à la dernière

pression. On observera de plier les reins
pour n'être point dérangé par le choc
occasionné par une ruade ou par un
saut en avant; on ne doit point ouvrir
les genoux; on rendra, avant de pincer,
& on laissera tomber, moëlleusement,
les deux jambes, après être resté un
temps les mollettes sur le ventre de l'a-
nimal d'une force égale. On recommencera un instant après; s'il ne répondait point encore, on répetera trois ou
quatre semblables épreuves, qui doivent
lui faire connaître que l'approche des
jambes est suivie d'une douleur aiguë,
& qu'il faut, pour l'éviter, qu'il se
porte en avant dès qu'elles touchent son
poil. Lorsqu'ensuite de cette combinai-
son d'aides, le cheval se portera en
avant, le Cavalier aura grand soin de
laisser tomber ses jambes tout de suite,
afin de lui donner à entendre qu'il ne
sera point corrigé, s'il obéit à leur approche. Veut-on unir, rassembler, enlever

le devant, tourner à droite ou à gauche,
on n'a qu'à soutenir la main en se grandissant, en même temps que l'on ferme
ou approche les gras de jambe jusqu'à
ce que l'on sente que l'animal est au
point où on le desire proportionnément
à sa force, à sa souplesse & au degré d'instruction où il peut être ; & rendre au
moment où l'on trouve qu'il est bien,
en laissant, de même, tomber doucement les jambes qui chassaient les hanches pendant que la main retenait les
épaules. Il faut observer que, si l'on
chasse trop, il force la main ; & que, si
l'on ne chasse pas assez, il ne se rassemble pas ; mais que, si l'on retient autant
qu'on chasse, pour lors on aura trouvé
l'accord & l'harmonie dont on a parlé
avec tant d'emphase dans les traités de
Cavalerie, sans expliquer quels étaient
les mouvements simples qui condui-
saient à cet accord. On parviendroit à
endurcir un cheval aux aides, en em-

ployant les moyens contraires à ceux que je viens d'expliquer (1).

---

(1) Ce ferait ici le cas de réfoudre la fameufe queftion, qui a fait depuis bien du temps plufieurs partis, favoir s'il convient mieux de fe fervir des deux jambes ou d'une feule. Je ne déciderai pas, mais je donnerai mon avis. Je penfe (& la pratique me l'a fait fentir, quand il n'y aurait pas d'autres raifons à donner,) qu'il y a plus de juftefse & de précifion, plus d'art enfin à redrefser, contenir & mener droit, enlever, tourner à droite ou à gauche l'animal que l'on dreffe avec la rêne de dehors & la jambe de dedans, qu'avec les deux jambes. Quand un cheval aura la tête bien placée ainfi que l'encolure, quand il fera un peu confirmé dans la belle attitude, qu'on approche la jambe de dedans pour le porter en avant, & que l'on fente la rêne de dehors à un degré couvenable pour contenir la croupe fans qu'il déplace la tête & l'encolure ; on tournera alors dans les coins & dans les doublés avec beaucoup plus de précifion & plus facilement, que fi l'on avait accoutumé le cheval à obéir aux deux jambes. On ne manquera pas de m'objecter encore que la grande difficulté

Il y a des personnes qui frappent avec les talons, de surprise, & avec vélocité, un cheval, croyant lui faire connaître

---

consiste précisément à porter un cheval en avant & à le rassembler sans le faire traverser. Je répondrai toujours avec la même confiance que c'est ce qu'on peut lui apprendre avec de la patience & un peu d'art. Par exemple, sans qu'il soit même question de la rêne de dehors, je veux porter mon cheval en avant ; j'approche très-doucement la jambe de dedans en baissant la main, l'animal qui la connaît, allongera davantage son allure & peut-être poussera un peu la croupe du côté opposé, pour s'éloigner de la douleur qui le menace. Je recommencerai dix fois de suite cette épreuve sans lui faire de mal : pour lors il ne prendra plus la peine de se traverser, parce qu'il lui est plus facile d'employer ses forces à s'étendre qu'à se traverser. Dans ce moment je le flatterai & finirai même la reprise immédiatement après. Si je m'étais aidé de l'appel de la langue ou du sifflement de la gaule, &, qui plus est, de la rêne de dehors, en même temps que j'approchais la jambe, on comprend que j'aurais réussi plutôt ; mais pour

les

les aides ; mais ils ne font que le rendre
inquiet & dangereux, en le puniſſant
ainſi d'une faute qu'il n'a pas connue
& qu'il n'a pas faite, parce qu'il n'a
pas le don de deviner les volontés ou les
caprices d'un tel Cavalier.

Poſition de la main.

La poſition de la main doit être
(comme je l'ai dit dans la diſſertation
ſur la poſture à cheval) à trois pouces
du corps, & ſur la ligne de l'avant-bras ;
le poignet ne doit point être arrondi.
Le petit doigt ne doit pas être plus près
du corps que le pouce, parce que cela
ne produit aucun bon effet, quoi qu'en

---

couper plus court & éviter tant de longs raiſonnements, je ſoutiens que la main dirige l'animal
& le contient droit, à l'aide d'une bonne aſſiette,
& que la jambe ou les jambes ne doivent que
chaſſer.

K

aient dit plufieurs Auteurs (1). Si l'on tient le bridon ordinaire pour dreffer un jeune cheval, on aura les deux mains vis-à-vis l'une de l'autre ; les ongles un peu en-deffous, les deux poignets à deux pieds de diftance, & un peu plus bas que l'articulation des coudes que l'on ne tiendra ni ferrés au corps ni trop élevés.

Il paraîtra un peu ridicule que je recommande de tenir les poignets à deux pieds l'un de l'autre ; mais fi l'on réfléchit à l'avantage que l'on a pour tenir

____

(1) Les perfonnes qui ont un gros ventre où les bras courts, font difpenfées de cette pofition. Elles doivent prendre celle qui paraît la plus aifée, pourvu que la main foit bien dans le milieu du corps ; on ne peut rien prefcrire à cet égard, non plus que fur l'avantage qu'il y a de la tenir plus ou moins près du pommeau. C'eft encore la conftruction & la force de l'animal qui porte plus ou moins haut, qui doivent occafionner ces différences & les décider.

droit, & plier un cheval dans cette pofition, on n'héfitera point de la prendre.

PRINCIPES.

Tous les Écuyers conviennent que ce
font les demi-arrêts qui dreffent, affoupliffent & mettent d'à-plomb les chevaux en exerçant. Je fuis fort de cet avis
dans le fens & l'étendue que cette expreffion me préfente relativement à ma
manière de fentir les effets que l'action
de la main produit fur un cheval : mais
comme, en fait d'expreffions, chacun y
attache plus ou moins d'idées, qui font
plus ou moins juftes, felon les connaiffances qu'il a fur une chofe, je penfe
que ce n'eft point affez de dire une vérité, qu'il faut la rendre palpable, autant qu'on le peut, comme je crois le
faire, fur-tout lorfqu'on écrit pour des
perfonnes qui defirent s'inftruire par
une bonne théorie, fur ce qu'elles veulent pratiquer.

K 2

Mouvements de la main & ſes différents effets.

La main ne doit avoir que quatre mouvements; celui d'en-haut, pour raſ-sembler, ralentir, enlever le devant, reculer & arrêter le cheval; celui d'en-bas, pour laiſſer à l'animal la liberté de partir, pour étendre ſon allure, ou pour lui faire une récompenſe, ſi l'on eſt content de ſon obéiſſance; & ceux à droite ou à gauche, pour le tourner à l'un ou à l'au-tre côté. Les mouvements ne peuvent & ne doivent avoir lieu qu'autant que les jambes, ou la jambe chaſſe en avant plus ou moins, ſelon le beſoin. On peut travailler, les rênes ſéparées, une dans chaque main, que l'on tient à-peu-près comme le bridon. On doit néan-moins préférer, en cas que le cheval ſe défende, de ſe ſervir du filet; car la bonne manière eſt de les tenir dans une feule, parce que l'opération eft plus fimple. Mais il s'agit moins ici d'indiquer la manière de tenir les rênes, de rendre la bride de la main droite, & faire des defcentes de main, que de faire fentir l'effet des degrès de preffion, l'inftant où il faut rendre, ce qui occafionne le bon appui, & l'obéiffance prompte de l'animal aux mouvements plus ou moins modifiés de la main (1).

---

(1) Je ne fais pas encore fur quoi porte ce qu'on a recherché dans quelques Ouvrages de Cavalerie, en difant, *tournez les ongles en-deffus, en-deffous, à droite ou à gauche,* pour avancer, reculer, aller à droite ou à gauche. Outre que ces mouvements font privés de grace, ils font encore perdre un temps, roidiffent le poignet, le bras & même l'épaule, en troublant fouvent le cheval par l'impreffion variée du mords, occafionnée par ces contorfions déplacées. Il m'a femblé de même très-inutile qu'on ait parlé de la fineffe du tact, de la délicateffe de la main, des houpes nerveufes dont chacun eft plus ou moins pourvu. Je dis fur

Avant de parler de la bride, je dois parler du bridon avec lequel on commence à exercer le cheval, & des moyens qu'on met en usage pour lui placer l'encolure & la tête : par exemple, on marque un demi-arrêt en soutenant les deux mains; l'effet qu'il produit sur les lèvres, fait lever la tête & l'encolure, & facilite les épaules à se mouvoir. Si l'on apperçoit que l'encolure soit pliée, la tête placée, & que l'animal ait un certain jeu dans les épaules, nécessaire pour les dénouer & les assouplir, pendant la pression du bridon sur les lèvres, il faut baisser les deux mains simplement pour le mettre à l'aise, &

cela que l'animal doit avoir un bon appui qui soit senti par toutes les mains, excepté par celles qui seraient paralytiques ou qui auraient chaussé un gant de fer. A mon avis, tous ces rafinements peuvent séduire les ignorants, mais nullement instruire.

lui donner à entendre que c’eſt ce qu’on exige de lui. Porte-t-il aſſez haut ; veut-on lui ramener le nez ? on augmente la preſſion, par des degrès très-ménagés, juſqu’à ce qu’il ſe rapproche de la ligne perpendiculaire, pour rendre moindre cette preſſion ; alors on rend à l’inſtant. Si, au contraire, la douleur qu’elle occaſionne lui faiſait lever & tendre le nez en avant, il faudrait, dans ce cas, tenir conſtamment le même degré juſqu’à ce qu’il ait cherché la poſition où il ne ſentira plus de douleur, qu’il trouvera en baiſſant le nez. Dès-lors, on le laiſſera libre, le plus qu’on pourra, dans cette poſition, en commençant à l’inſtruire ; & on s’appercevra, en peu de temps, qu’il la prendra, dès qu’on voudra faire une nouvelle preſſion dans le demi-arrêt : voilà comme, avec des moyens ſimples, on peut parvenir à faire de grandes choſes en fait d’inſtruction pour les animaux.

K 4

Actuellement que nous avons affoupli, placé & confirmé dans le beau pli
le cheval avec le bridon, il s'agit de
l'exercer avec la bride. Je dois prévenir
qu'elle ramène & abaiffe la tête de l'a-
nimal, par l'effet de la baffecule ou
levier des branches du mords, eu égard
à la gourmette, & qu'il faut bien exactement éviter de rendre, fi la tête eft
baffe après l'effet du demi-arrêt, mais
feulement quand il ramène le nez, &
qu'il le rapproche de la ligne perpendiculaire dont nous avons parlé (1).

---

(1) Je préfère de laiffer le nez un peu au vent
aux chevaux que je place : la tête dans une ligne
perpendiculaire à l'horifon n'eft pas tout-à-fait
auffi haute; & les chevaux qui ont beaucoup de
ganache, un cou de hache, ou qui ont ce que
nous nommons la tête mal attachée, fe trouvent
gênés. L'encolure fe roidit par la contrainte
qu'exige cette dernière pofition. Il eft, à la vérité,
plus difficile de placer la tête & l'affurer dans la

Epreuve.

Vous marquez un demi-arrêt très-
lentement ; soit pour ralentir l'allure,
redreſſer ou raſſembler le cheval que
vous exercez ; malgré la précaution que
vous aurez priſe de tempérer les mouvements de la main, l'animal ſenſible,
impatient, qui cherche à ſe dérober
à l'impreſſion du mords, tire ou pèſe
deſſus, voudrait la forcer en pouſſant
ſur l'embouchure, ſe retient ou s'arrête, &c. (1) Veut-il ſe dérober à

---

première ; mais on court moins le riſque d'enca-
puchonner un cheval, qu'en ſuivant la ſeconde :
défaut que l'on corrige difficilement, ſur-tout
quand le ſujet a l'encolure faible.

(1) Je ſuppoſe ici un cheval exercé par un ignorant, qui, par des entrepriſes réitérées autant que
déplacées, lui aura fait contracter toutes les mauvaiſes habitudes dont je parle. Ce cheval doit être
exercé en bridon ; mais comme il eſt queſtion ici

l'appui ? résistez simplement, tant que sa tête sera en mouvement, & rendez, dès qu'il souffrira l'appui un instant. Recommencez dix fois cette épreuve, & vous fixerez sa tête. Dès que l'animal restera ainsi, sans mouvement, à l'impression du mords, cherchez, en marquant le demi-arrêt, à le placer & à lui élever la tête de plus en plus ; & quand il sera au point où vous le desirez, rendez sur le champ. Vous verrez qu'en très-peu de temps votre Elève fera bien exactement vos volontés, pourvu que vos principes soient bien suivis, & que vous mettiez bien tous les à-propos dont je viens de donner une idée. Vous observerez que ce n'est pas tout de suite, & en commençant, que vous pourrez placer parfaitement un cheval, & qu'il

---

d'expliquer, & faire sentir les moyens simples qui peuvent le corriger & le soumettre, j'exagère même ces désagréables habitudes.

ne faut l'amener à ce point que peu-à-
peu. S'il bat à la main, ufez-en ainfi que
je viens de le dire : s'il tire, preffe deffus,
ou veut la forcer , loin de lui céder , en
modifiant ce degré, augmentez-le jufqu'à
ce qu'il réponde, peu ou beaucoup, à l'appui du mords, avant que vous rendiez ;
s'il fe retient, s'arrête ou recule, baiffez la
main en le chaffant vigoureufement en
avant avec les deux mollettes, en affu-
rant bien votre affiette, pour être à
même de le reprendre fur le champ, s'il
fe difpofait à refter en place, après l'é-
lan qu'il aura pris pour fe pouffer en
avant, à la premiere correction. Actuellement, je fuppofe que vos principes & vos bonnes leçons auront produit
le bon effet de placer l'encolure & la
tête de l'Elève que vous avez exercé ;
qu'il fupporte fans inquiétude, & ré-
pond à l'appui du mords ; qu'il fe raffemble & fe plie facilement des deux
côtés à volonté, pour que la main di-

K 6

rige, enlève, arrête, recule, redreſſe,
tourne à droite & à gauche la machine,
comme un Pilote, avec ſon gouver-
nail; fait fendre l'onde au vaiſſeau qu'il
dirige, à l'aide des vents. Vous devez
obſerver ſi, en chaſſant l'animal de la
jambe, il ſe pouſſe aſſez en avant, afin
que la main qui retient ſente les épaules bien mouvoir.

Explication.

Par exemple, ſi vous vouliez tourner à droite ou à gauche, aller la tête au
mur à l'une & à l'autre main; pour peu
que vous ſentiez, dis-je, dans les demi-
arrêts, que les épaules ſe meuvent en
même temps que la tête & l'encolure,
comme s'il n'y avait point d'articulation de l'une à l'autre de ces parties,
pour lors vous aurez ſoin de rendre; &
ſi, au contraire, la tête & l'encolure fai-
ſaient un mouvement ſans que les épau-

les ou les pieds de devant agiſſent également & concurremment, vous ſoutien-
drez, dans ce cas, la main de plus en
plus fort, ou vous marquerez pluſieurs
demi-arrêts, juſqu'à ce que vous ayez
ſenti ce que je viens d'expliquer. Voulez-vous redreſſer la croupe en cheminant dans le droit ou en paſſageant? ai-
dez-vous de l'aſſiette en même temps
que vous marquerez des demi-arrêts ;
augmentez le degré de preſſion du
mords, plus ou moins, ſelon l'activité
de l'animal, ſoit en avant ou de côté ;
ſentez que les jambes de derrière agiſſent en même temps que celles de devant, & vous rendrez, dans ce cas,
pour aſſujettir moins votre Elève, qui,
par de fréquentes répétitions, ne tardera
pas à ſentir la néceſſité d'accompagner
l'action du devant avec les hanches,
pour avoir la récompenſe que vous lui
avez ſi ſouvent donnée en faiſant ceſſer
la douleur par une moindre preſſion.

Vous obferverez que vos demi-arrêts, en dreffant l'animal, lui communiquent l'à-plomb plus ou moins exact que vous aurez fur lui. Voilà la perfection de la fcience de dreffer, foumettre, rendre légers, adroits, célères & agréables, les chevaux les plus dangereux. Sans le fecours de ces moyens, il eft impoffible d'y réuffir (1).

---

(1) Pour que la main puiffe mettre d'à-plomb le cheval & le tenir droit, il faut qu'il foit bien placé. C'eft de-là que dépend la juftesse dans tous les airs & toutes les allures. Le pli de l'encolure qui fait fentir la rêne de dehors beaucoup plus que celle de dedans eft encore une raifon pour que l'on ne fe ferve pas des deux jambes en chaffant l'animal en avant, dans le cas où il ne ferait pas affez inftruit pour refter bien droit, quand les temps de la main, à l'aide d'une bonne affiette, dirigent & redreffent la machine qui eft en mouvement. Ce pli doit être toujours en-dedans tant pour la grace & la néceffité de faire voir au cheval le chemin ou la ligne qu'il doit fuivre, que pour

soutenir par les demi-arrêts les épaules qui tombent dans les tournants, soit aux coins, aux doublés, soit en exerçant sur des cercles; outre que, la masse étant plus ou moins inclinée, suivant la rapidité de l'allure du côté sur lequel on tourne, les jambes qui en sont les ressorts & la base étant dans une position oblique eu égard au plan, les temps d'arrêt sur un cheval bien placé soulagent beaucoup ces parties. Voilà comme un bon Cavalier sentant bien son cheval & le soutenant à propos, le conserve, pendant qu'un ignorant le détruit.

CHAPITRE XII.

Du choix des Selles, des Brides, & des principaux moyens de conserver les chevaux.

PRESQUE tous les Artistes qui ont travaillé à l'équippement des chevaux de selle, semblent, ainsi que les innovateurs, n'avoir tourné leurs soins qu'à en augmenter le nombre, loin d'en simplifier la structure. Je ne suis pas surpris que les ouvriers, guidés par l'intérêt, aient cherché à changer la forme des selles & des embouchures, soit que les connaissances qu'ils ont ne s'étendent pas bien loin, soit que l'avantage qu'il y a pour eux, en vendant des choses de nouvelle invention, les ait empêchés de perfectionner ce qu'ils ont fait ; mais je ne puis revenir de mon étonnement, lorſque je vois que tant d'amateurs & d'Ecuyers intelligents n'ont point pris ſur eux de fixer, par un bon choix, l'eſpèce de ſelles & de brides qui ſerait la plus convenable pour ne point bleſſer ni gêner le cheval, & mettre à l'aiſe le Cavalier (1).

---

(1) Ce n'eſt point en multipliant, mais en ſimplifiant les êtres, que les hommes pourront ſe procurer des avantages réels : car nous ſommes très-ſouvent à plaindre d'avoir raſſemblé autour de nous une infinité de choſes inutiles qu'il faut tranſporter d'un lieu à un autre, ſoigner, entretenir & placer avec précaution, &c. Ce que j'écris, me rappelle les peines que j'ai vu prendre aux troupes, ſur-tout à celles qui ſont à cheval, qui ſe chargent d'une quantité de choſes qui ne ſervent qu'à leur faire employer un temps précieux à détruire leurs forces, au-lieu de les réparer dans les moments de tranquillité que les circonſtances permettent de prendre à la guerre. Il faut raſſembler ces inutilités éparſes au moment d'un départ,

Je ne m'arrêterai point à donner des raisons pour prouver qu'il y a beaucoup de selles aussi inutiles qu'elles sont in-

---

soit en route, soit au camp, où la nécessité oblige souvent de partir de nuit. On charge son cheval le plus vîte que l'on peut, souvent tout de travers, pour n'avoir pas pris le temps & les précautions nécessaires : l'animal reste long-temps chargé par les retards qui surviennent ; les parties qui supportent le fardeau, meurtries de la veille, le font souffrir ; il se couche, il se roule, & au moment où il faudrait être prêt, il se trouve en désordre ; il est enfin continuellement accablé par une masse qui fait tourner la selle, le blesse & incommode le Cavalier : il faut cependant courir, former l'escadron, faire des évolutions, gravir ou descendre des montagnes, passer de mauvais pas ; enfin poursuivre ou charger l'ennemi. Il est vrai que, depuis quelques années, on prend des soins pour empêcher que les Cavaliers, Dragons & Hussards ne chargent point trop leurs chevaux ; mais ils ne sont jamais proportionnés aux besoins, parce qu'on apprécie mal l'importance de ces soins.

commodes. Il suffira, je pense, d'indiquer celles qui conviennent, pour qu'on les préfère aux autres. On ne peut disconvenir que la selle la plus légère, qui rapproche le plus du corps du cheval sans le blesser, dont le siège assûre & met à l'aise le Cavalier, est la bonne selle, & par conséquent, doit être regardée comme la plus convenable. La selle à la royale ou de maître, étant bien finie, sera très-commode sans être trop pesante, & remplira l'objet qu'on doit avoir en vue, qui est de s'assurer & exercer commodément à cheval sans blesser ni trop charger l'animal (1).

----

(1) On peut se servir d'une selle rase ou à l'Anglaise, qui sera plus légère; mais le Cavalier ne sera pas aussi ferme ni aussi à son aise, à beaucoup près, que sur la selle de maître. Les Chasseurs qui ont un bon à-plomb, peuvent la préférer; mais ceux qui n'ont pas cet avantage fatiguent infiniment plus leur cheval par le balancement du

Précis de ce qu'il faut observer pour qu'une selle ne blesse point les chevaux & soit commode au Cavalier.

Le siège doit être sur une ligne horisontale, rembourré très-ferme, & plus

----

corps & par les accoups, que si l'animal portait une selle beaucoup plus pesante, qui assurerait le Cavalier & l'unirait un peu plus à ses mouvements. Messieurs les Anglais, qui se tiennent à cheval avec les genoux, sur la pointe des pieds, en pressant sur les étriers, & qui enfin, avec le secours de la main, s'attachent aux doubles rênes qu'il y a à la bride appellée à l'Anglaise, (dont l'effet est très-peu sensible aux chevaux,) peuvent s'en servir avec avantage, parce qu'il est indifférent pour eux, qui ont, suivant l'expression du manége, *le cul en l'air*, qu'une selle enveloppe plus ou moins les fesses du Cavalier; mais il ne leur est point indifférent de se servir d'une autre bride que celle qu'ils ont imaginée, & que la nécessité leur a fait reconnaître propre à ménager leurs chevaux, sur lesquels ils courent rapidement & sautent très-légèrement les haies & les fossés.

étroit que large, pour la commodité du Cavalier, qui doit s'étendre & embraſſer, le plus qu'il pourra, les chevaux avec les cuiſſes & les jambes. Les quartiers feront minces & flexibles, pour avoir l'avantage de bien placer les genoux, & ſentir mieux le cheval. Les battes ne doivent être ni trop épaiſſes ni trop hautes ; la ſelle doit être le plus près poſſible du corps du cheval, ſans le bleſſer ; pour cet effet, elle ne portera point ſur le garot ni ſur le rognon ; mais la preſſion totale ſe fera ſur les mammelles, & le long de la longe des panneaux ; les pointes de l'arçon doivent toucher au-deſſus des flancs, & au défaut des épaules de l'animal, ſans preſſer ſur ces parties ; toutes les pièces qui compoſent la ſelle doivent enfin être bien jointes, point matérielles, & bien égales des deux côtés, & du devant & du derrière ; ſon poids ne doit pas excéder celui d'onze à douze livres, y compris la garniture en

tière. Etant fur une ligne hofriontale,
le Cavalier prend mieux fon à-plomb;
étant très-près de l'animal, il l'enveloppe
davantage, il eft plus uni à fes mouvé-
ments, & les temps d'arrêt ou de chaffe
ont plus d'effet : la felle eft plus affurée;
conféquemment le cheval eft moins embarraffé de la maffe qu'il porte, la preffion qui fe fait aux mammelles & le
long de la longe n'eft point incommode
au cheval, comme celle qui fe ferait latéralement par les pointes de l'arçon, fi
elles étaient trop ferrées. Elles ne doivent toucher au-deffus des flancs, & au
défaut des épaules, que pour affurer la
felle, foit lorfqu'on monte à cheval,
foit quand on eft fur le fiège; l'arçon
étant auffi bien égal dans les pièces qui
le compofent, c'eft à-dire, ces pièces étant
d'égale groffeur, longueur, & diftance latéralement & diagonalement, le fiège fera exactement fur une ligne horifontale,
fi le cheval eft fait dans les proportions

géométrales , & le Cavalier prendra
très-facilement l'à-plomb nécessaire pour
le conduire adroitement , vu l'égalité
de cette base.

A l'égard des selles à piquet & à demi-
piquet, je desirerais qu'on en fît de
même que du cavesson dont les Cavalier se servaient pour dresser les chevaux, les plier & ménager leur bouche ;
je desirerais, dis-je, qu'elles fussent sup-
primées, ainsi que l'a été le cavesson ,
dans les bonnes Écoles. On me dira
qu'elles sont très-avantageuses pour assurer à cheval les personnes qui n'ont
pas beaucoup de tenue, & sur-tout lorsqu'on monte des chevaux qui se défendent, des sauteurs aux piliers ou en liberté ; je réponds qu'il ne faut pas monter les chevaux qui se défendent, quand
on n'a pas une bonne assiette, parce
qu'on n'est pas en état de leur donner
une bonne leçon, & qu'outre cela, s'ils
viennent à se renverser en faisant des

pointes, le Cavalier court grand risque
de perdre la vie, ne pouvant sortir de
la selle, lorsqu'il voudra se jetter de côté
pour éviter de se trouver sous le cheval. Pour ce qui regarde les sauteurs,
c'est un abus de croire que les Élèves
acquièrent une certaine souplesse en les
montant : enveloppés par les grandes
battes des selles à piquet, ils serrent
fortement les genoux, en se roidissant
de toutes leurs forces, pour résister au
choc violent occasionné par les ruades
des sauteurs, dans l'instant que le devant se rapproche du sol. Je conviens
qu'ils prendront un peu d'à-plomb &
d'assurance en exerçant ainsi ; mais rien
de plus, parce que la roideur détruit,
ou, pour mieux dire, empêche le jeu que
doivent avoir les parties du corps à chaque articulation, par l'extension & la
flexion alternative des parties musculaires, & des ligaments articulaires, &c.
Que l'on ne donne aux Élèves que les
chevaux

chevaux qu'ils font en état de monter suivant les difpofitions & les progrès qu'ils auront faits, fi l'on veut accélérer leur inftruction : voilà mon fentiment.

De la Bride.

Il faudrait faire des volumes pour donner la defcription de tous les mords, de toutes les branches, de toutes les parties qui compofent la bride, en re-montant de nos jours aux temps où l'on ne fe fervait, pour arrêter & conduire les chevaux, que d'un fimple morceau de bois d'une forme cylindrique, placé dans la bouche du cheval, fans branches ni gourmette, aux deux extrémités du-quel on attachait deux petites cordes qui fervaient de rênes (1).

____

(1) Il faut convenir que les Arts & toutes les Sciences ont été au berceau, & qu'on a pu errer long-temps fur différents objets que des décou-

L

Pour éviter les longueurs, qui font plus propres à retardér qu'à accélérer les progrès de l'art que l'on traite, j'en uferai comme pour la felle. Il fuffira d'in-

---

vertes heureufes nous ont fait envifager depuis comme des riens : mais d'où vient qu'une chofe très-fimple, telle qu'une bride, dont on fe fert pour corriger & foumettre un animal auffi néceffaire que le cheval, dont on fait ufage dans la plus grande partie du monde connu, fur lequel une infinité de perfonnes aiment à exercer, qui ajoûte à notre exiftence par le plaifir qu'il nous procure, en nous faifant fentir une quantité de refforts qu'il emploie pour nous tranfporter rapidement d'un lieu dans un autre, dont la gentilleffe & la foumiffion enfin à nos moindres volontés prouvent fi bien la fupériorité qu'ont les hommes fur les animaux ; d'où vient, dis-je, que la bride eft encore fi informe chez la plus grande partie des Peuples qui fe fervent de chevaux, & qui les ruinent en très-peu de temps avec une bride mal compofée, qui fait fouvent eftropier ou tuer beaucoup de Cavaliers qui n'en connaiffent pas les effets ?

diquer les brides que l'on doit préférer pour remplir mes vues à cet égard. Je dois néanmoins prévenir qu'il eſt plus important qu'on ne l'imagine communément, de bien emboucher un cheval pour le ſoumettre à la main, ſans employer les moyens violents, qui, au contraire, le déſeſpèrent, & expoſent le Cavalier à perdre la vie, parce que l'extrême douleur, ôtant à cet animal la connaiſſance des dangers, le fait courir dans un marais, dans une rivière, dans un précipice, heurter d'un choc violent, un arbre, un mur, enfin d'autres animaux, s'il en rencontre.

J'obſerverai encore que la ſtructure des parties de la bouche des chevaux qui ſont très-variées, ſoit par le volume, la figure & le plus ou moins de place qu'elles occupent, exigerait des embouchures propres à s'ajuſter à ces différences qu'on apperçoit dans chaque cheval, lorſqu'on eſt vraiment connaiſ-

feur ; mais comme il y a si peu de perfonnes en état de difcerner les rapports,
on peut dire géométriques, qu'ont ces
parties avec une embouchure bien or-
donnée, il convient mieux de ne rien
dire, que de jetter dans l'incertitude les
perfonnes qui voudraient emboucher
un cheval. Ne parlons donc ici que de
ce qui eft indifpenfable.

Moyens pour bien emboucher.

On prendra un fimple canon d'une
pièce pour un cheval qui aura une bonne
bouche. Il doit porter fur les barres à
un pouce au-deffus des crochets d'en-
bas, les branches doivent être droites
& courtes, la gourmette petite & dé-
liée, pour qu'elle puiffe bien prendre le
tour de la mâchoire inférieure ; elle
doit porter fur la partie nommée improprement *barbichet*. L'S & le crochet
doivent-être plus courts que longs (1).

____

(1) C'eft une erreur de croire qu'une groffe

Il y aura affez d'effet dans le fimple canon d'une pièce, pour un cheval qui

---

gourmette faffe moins d'impreffion & bleffe moins un cheval qu'une autre qui ferait d'un plus petit volume. Les perfonnes qui ont recommandé les groffes gourmettes, croient qu'elles ont beaucoup plus de points de contact que les petites : c'eft cependant l'oppofé ; car la groffe maille, qui fe trouve droite fur une ligne d'environ un pouce & demi, ne prenant pas le tour de la mâchoire inférieure de l'animal, porte dans un feul point & fait un trou : l'autre, au contraire, touche dans plufieurs points à chaque maille ou maillon. On voit par ce que je viens de dire, qu'avec un raifonnement fimple que tout le monde peut faire, on détruit une erreur accréditée par la confiance que nous avons aux lumières des autres, faute d'examiner fi nous devons approuver ou rejetter ce qu'on propofe.

J'obferverai néanmoins que, fi l'on emploie une gourmette très-mince, alors, comme on donne dans l'extrémité contraire, les points, devenus aigus, feront tranchants comme une lame.

L 3

aura une bonne bouche ; & il ne fera point battre à la main, ne bleſſera point l'animal, ſi l'appui ſe fait à un pouce au-deſſus des crochets d'en-bas, ſans ſe régler ſur une grande bouche, comme le font tant d'ignorants, qui enfoncent plus ou moins avant l'embouchure, ſelon que les lèvres ſont plus ou moins fendues. Les branches étant droites, la bride aura plus de grace, & le mords ne fera point la baſſecule, ſi l'on place la gourmette de manière qu'elle ne ſoit, ainſi que l'embouchure, qu'à une ligne de la preſſion ſenſible.

Si l'S & le crochet ſont longs & l'œil du banquet trop haut, la gourmette, dans ce cas, remontera ; mais ſi le tout eſt au point convenable, (que les épreuves, aidées du raiſonnement, font appercevoir, ſans qu'il ſoit beſoin de grandes lumières) l'animal ſera bien embouché en ſuivant ce qui eſt expliqué, pourvu que le mords & ce qui en dépend, soit dans les justes proportions (1).

Il faut pour des chevaux qui ont la bouche forte, dont les barres sont basses & rondes, dont la langue charnue, épaisse & élevée, ne peut point se loger dans le canal qui n'est pas assez évidé, qui ont les lèvres épaisses & repliées en-dedans sur les barres, la barbe plate & charnue, &c. difformités propres à diminuer de beaucoup l'effet du mords;

---

(1) L'œil du banquet ne doit point être arrondi, mais bien quarré dans la partie supérieure; le cuir du porte-mords se placera mieux. On aura soin que le banquet soit un peu recourbé en-dehors, pour que le cheval ne soit point incommodé par la pression sur les lèvres près des dents mâchelières; ce qui arrive souvent, quand on s'en rapporte aux connaissances des Eperonniers pour emboucher un cheval, lesquelles sont, à cet égard, semblables à celles des Luthiers, qui font de bons instruments sans savoir en jouer.

il faut, dis-je, à ces chevaux un mords
à pas d'âne, dont les branches feront
un peu plus longues qu'à celui du fimple canon d'une pièce : au furplus, c'eft
moins par des moyens violents qu'on
parvient à diriger & à fe rendre maître
des chevaux, que par les à-propos qu'un
Ecuyer fait mettre en pratique pour les
réduire à la plus exacte obéiffance,
quelque furieux qu'ils foient (1).

---

(1) Les Arabes, les Turcs & beaucoup d'autres
Peuples, fe fervent encore des mords les plus rudes dont on faifait ufage du temps de M. de la
Broue. Dans quelques autres parties de l'Europe,
on fe fert auffi de très-groffes embouchures, & les
branches qu'on y adapte, font d'une longueur
incroyable : malgré ces moyens, par lefquels ils
peuvent brifer la mâchoire aux chevaux & les ruiner en très-peu de temps, ils en font beaucoup
moins maîtres que nous, qui employons les embouchures les moins rudes. C'eft par une bonne
affiette & une main favante, qu'on peut vaincre la
fougue d'un cheval. Je dis plus ; on l'inftruira à

A l'égard du fentiment des Auteurs de Cavalérie, qui foutiennent que l'appui du mords, continué long-temps dans le même degré de force, *endort les barres & les rend infenfibles*, quand nous ne ferions pas convaincus par nous-mêmes, qu'une douleur eft plus infupportable, fi elle eft longue, que lorfqu'elle eft momentanée, il n'y a qu'à voir comme les chevaux battent à la main, fécouent la tête, font des pointes ou forcent fur le mords, afin d'éviter cette conftante & douloureufe preffion, pour s'appercevoir de la fauffeté de cette idée que l'expérience dément journellement.

---

s'arrêter en baiffant la main, & on pourra le conduire; le faire cheminer à droite ou à gauche, d'une ou de deux piftes, fans qu'il foit queftion de tenir les rênes, en employant feulement l'affiette, & en mettant de la fuite & de l'intelligence dans les leçons qu'on donnera à l'animal à cet effet.

Je ne dirai rien de la têtière & des parties qui la compofent : tant de gens font entrés dans les plus longs détails fur l'équipement du cheval, que je croirais mal employer mon temps à faire des defcriptions qui font connues. Je me bornerai à dire que la martingale ou plate-longe, dont plufieurs perfonnes font ufage, eft beaucoup plus nuifible qu'utile ; les chevaux ne fe corrigent point de battre à la main, malgré la fujétion de la plate-longe. On a d'abord plus de difficulté à les placer ; en fecond lieu, ils roidiffent leur encolure & réfiftent beaucoup plus à la preffion du mords : c'eft fouvent même une caufe pour eux de fe défendre ; enfin, il n'y a que les perfonnes qui font totalement courbées à cheval qui peuvent s'en fervir, pour éviter les coups de tête que cette mauvaife pofture pourrait leur procurer.

De quelques soins que l'on doit prendre pour conserver les chevaux.

Il eſt bien ſingulier qu'un être qui nous fait autant de plaiſir, qui nous eſt ſi généralement utile que le cheval, ſoit auſſi négligé par ceux même qui en tirent journellement le plus grand avantage; &, ce qu'il y a de plus étonnant, que ce ſoit encore moins par le manque de ſoins, que par erreur ſur ceux que l'on apporte mal-à-propos, que nous le rendons victime de notre ineptie.

Je n'entreprendrai pas de faire ici l'énumération de tous les ſoins qu'on doit prendre pour la conſervation de cet animal en ſanté ou malade. On les trouvera amplement expliqués dans la Médecine vétérinaire. J'indiquerai ſeulement les principaux, qui conſiſtent:

1°. A lever exactement la litière tous les matins, à étriller, épouſſeter, bouchonner, broſſer, éponger.

2°. A régler la quantité d'aliments qu'on donne plus ou moins par jour, relative à leur qualité & à la corpulence de l'animal, à sa maigreur & à l'exercice qu'il fait.

3°. A faire relever ou ferrer à neuf, au moins tous les deux mois, en ajustant des fers bien légers, attachés avec des clous dont la lame soit mince & les têtes petites & égales, pour que les pieds portent bien à plat.

4°. A ne donner du foin nouveau à manger que quand il a jetté son feu, & ne le serrer que lorsqu'il est bien sec, dans un grenier bien aëré, ainsi que la paille & l'avoine qui doivent servir à leur subsistance ; & cela pour qu'ils ne se pourrissent pas (1).

____

(1) On met souvent le foin & la paille dans des rez-de-chaussée, sur-tout dans les Villes : l'air dans ces endroits n'a que très-peu de mouvement, les murs sont continuellement couverts d'une eau

5°. A ne point laiſſer le fumier dans l'écurie, ou trop près, s'il eſt en-dehors; parce qu'il corrompt l'air & nuit encore à l'animal.

6°. A ne point augmenter la tranſpiration inſenſible dans les vues d'entretenir un beau poil aux chevaux, que l'on affaiblit en les accablant avec de groſſes couvertures de laine.

7°. A les faire promener tous les

---

croupie, noire, ſouvent infecte, qui pénètre les aliments deſtinés à nourrir les chevaux, & paſſe de-là dans leur corps, où elle fait plus ou moins de ravage. La vapeur qui s'élève d'un tas de fumier échauffé, mouille auſſi le foin & le corrompt; nous le faiſons néanmoins manger aux chevaux par une économie mal entendue : par cette raiſon combien en voit-on qui ont des fluxions, qui perdent la vue, qui ſont ſouvent dégoûtés, qui ont des démangeaiſons, la gale, le farcin, des dartres, des humeurs qui tombent ſur les jambes, les engorgent & les pourriſſent, &c.

jours quand il fait beau, le matin ou le soir dans l'été & dans l'hiver, depuis midi jusqu'à deux heures.

8°. A les mettre en haleine avant d'entreprendre un long voyage ; à faire, en débutant, de petites journées ; aller lentement en s'éloignant ou en se rapprochant de l'Auberge , & donner peu d'avoine les premiers jours.

9°. A ne le faire manger qu'un inftant après l'arrivée, fur-tout, fi l'animal eft fatigué ou s'il a bien chaud ; à éviter dans ce dernier cas, de le faire boire, de ne lui ôter la felle ni mouiller les jambes qu'après qu'on aura fait tomber la fueur avec un couteau de chaleur, & qu'il fera bien fec.

10°. A le bouchonner pour faire tomber la boue du ventre qu'il ne faut jamais mouiller, mais feulement les jambes.

11°. A mettre de la paille fraîche

pour litière, faire laver l'embouchure, sécher la selle & battre quelquefois les panneaux, &c.

Les soins mal entendus ou inutiles dont j'ai parlé, sont 1°. de faire mettre le mastigadour, qui produit sur les chevaux un effet à-peu-près semblable à celui de la pipe sur nous, qui n'est qu'une habitude souvent nuisible, parce qu'elle nous fait cracher une salive nécessaire à l'organe de la digestion.

2°. De les confier, dès qu'ils ont la moindre indisposition, aux maréchaux qui emploient tout de suite des cordiaux pour traitements, au-lieu de les rafraîchir par des lavements émollients, & en leur faisant boire de l'eau ou l'on aura mis une poignée de farine d'orge.

3°. D'agir suivant la fausse prévention de beaucoup de personnes, qui croient que les eaux d'une marre corrompue par l'écoulement d'un tas de fumier qui se trouvera auprès, & quantité de choses.

qui se putréfient dedans, ne font jamais
de mal aux animaux qui en boivent.

4°. Enfin de tenir l'écurie hermétiquement fermée, pour que l'air un peu
condensé en hiver n'y pénètre pas;
parce que, dit-on, cela ferait maigrir
les chevaux & leur donnerait un mauvais poil : il est vrai qu'ils maigrissent
un peu, quand ils ont été accoutumés à
une écurie qui n'est point froide : mais
si l'on n'a pas pris ce soin dangereux
pour la vue, & qui cause tant d'autres
espèces de maladies, ils ne maigriront
point. Ceux qui font toute l'année dans
les prairies, dans les champs ou dans
les bois, & qui font très-gras, le prouvent assez.

Quant au poil, plus il fait froid, plus
il est épais, parce que les téguments &
tout le corps se condense; ce qui fait
que le poil est plus près; outre qu'il
se hérisse & se replie pour opposer plus
de résistance à l'air. C'est ainsi que la sage

nature pourvoit aux befoins, & amène tout à fes fins merveilleufes. En voulant y ajouter, nous l'appauvriffons fouvent, de quelque manière ingénieufe que nous nous y prenions (1). Concluons donc que la plupart de nos foins font

---

(1) En nous bâtiffant des maifons commodes, & en nous couvrant avec tant de foin des habille-ments que la molleffe a inventés, nous nous fom-mes ravi la plus grande partie de nos forces & de nos plaifirs ; tous les animaux domeftiques que nous avons autour de nous perdent auffi beau-coup du côté du bien être attaché à leur exiftence : s'ils étaient libres, ils gagneraient du côté des mala-dies qu'ils ne connaîtraient pas. Le ferin meurt de vieilleffe prefque fans fouffrir, lorfqu'il eft dans les champs : avec nous il eft fouvent malade & meurt d'abord. Les chevaux fauvages vivent long-temps, courent comme un cerf pourfuivi d'une meute, font forts, vigoureux, franchiffent les haies, les foffés ; aucune maladie ne les atteint ; ils ont le plus beau poil poffible, ils ne font enfin foumis qu'à la fucceffion du temps ; près de nous, par nos grands & lumineux foins, ils ont une quan-tité prodigieufe de maux de toute efpèce, qui les finiffent bientôt.

*

mal entendus ; & qu'après avoir privé
les chevaux des parties essentielles à la
génération , qui les rendaient si forts
& si courageux , nous avons tort de les
tenir trop long-temps dans les liens &
dans les plus affreuses prisons , où l'air
abondamment chargé de particules al-
calines & corrosives, joint au très-grand
repos , les rend sujets à une multitude
de maladies , change leur caractère,
leur constitution , enfin énerve leur
courage. Rapprochons - nous au contraire le plus que nous pourrons de
l'état où la liberté jouit de tous ses
droits ; laissons les animaux tant qu'il
sera possible dans un air libre ; exer-
çons-les souvent sans les excéder de
fatigue , sur-tout pendant la canicule,
& que ce soit avant l'heure de leur re-
pas. Leur digestion sera plus parfaite,
le sang coulera avec plus de liberté
dans leurs vaisseaux artériels & vei-
neux, les sécrétions & les excrétions se
feront dans de justes proportions, il n'y

aura pas amas de graisse ; enfin toutes leurs fonctions vitales· s'exécuteront avec facilité (1).

---

(1) On doit comprendre , sans être grand Physicien , qu'au moment où l'on sort un cheval d'une écurie rechauffée par l'haleine de plusieurs bestiaux , qui était bien fermée , l'action d'un froid subtil occasionne sur le champ un mouvement de constriction dans les vaisseaux , fait épaissir la lymphe , qui, ne trouvant plus d'issue , reflue dans le sang & y occasionne l'effervescence ; mais ce n'est point l'explication des causes que je puis donner ici pour exemple : il ne peut tout au plus y être question que de l'énumération des maladies & d'un seul genre , pour ne pas embrasser un sujet déjà traité par des gens habiles. Voici celles qui n'affectent presque point les chevaux sauvages : ce sont les maladies de la peau & celles des yeux , l'hydropisie , la pléthore , l'anasargue , l'excès de graisse produit par un long repos, les tuméfactions des téguments, l'emphisème, la bouffissure, la dyssenterie, le marasme, la consomption nerveuse, les vers contenus dans les organes de la digestion , le fluide accumulé dans des cavités membraneuses , l'enflure des jambes, l'hydropisie du scrotum, l'hydrocele, l'anévrisme, le météo-

rifme, la tympanite, la tuméfaction de l'eftomac, le météorifme des inteftins, l'ifchurie, le gonflement des articulations, les loupes, les abfcès, la taupe, les javarts, les éparvins, les varices, les courbes, les veffigons, les molletes, la matière foufflée au poil, l'encaftelure, les pieds defféchés, les excroiffances, l'onglée, les verrues, le crapaud, les grappes, le fic, les cérifes, les féifmes, l'exoftofe, les furos, les fufées, l'anchylofe, les luxations, les entorfes, le déplacement des parties, le ptérigion, le polype, le lampas, les barbillons, la callofité, les cirons, le farcocèle, les hernies, les taches, l'avant-cœur, les avives, la gourme, les plaies, l'hémorrhagie, les ulcères, les aphtes, la fiftule, le chancre, les fiévres malignes & autres, le charbon, le feu, le mal de tête, le mal d'Efpagne, le vertige, le tournoiement, la péripneumonie, la toux, la fourbure, le rhumatifme, la goutte, la crampe, le priapifme, le mal caduc, les palpitations, les tics, les rots, la léthargie, l'apoplexie, l'affoupiffement, la tranfpiration fufpendue, le flux de ventre, le ténéfme, la grasfondure, l'hémoptifie, le piffement de fang, les évacuations purulentes, la rage, la maladie pédiculaire; voilà ce que l'efclavage où nous tenons les chevaux & les foins mal-entendus feur procurent.

ANALYSE

De quelques Ouvrages anciens &
modernes fur l'Equitation , depuis M. de la Broue jufqu'à nos
jours (1).

*Le Cavalerice François , par Salo-
mon de la Broue , Ecuyer du
Roi & du Duc d'Epernon ; de
l'année 1610.*

P ASSONS fur les ftances , le préam-
bule des préceptes , les termes de l'Arr,
l'explication du mords , de la felle ;

---

(1) C'eft en me regardant comme un
Amateur qui s'occupe de la vérité , & non
comme un Cenfeur ou Réformateur , que je

les indices par lesquels on peut juger
du naturel du cheval par la couleur
du poil; l'avis concernant les foins

---

prie mes Lecteurs de juger de mon entreprise dans l'Analyse que je fais des Ouvrages
qui concernent la Cavalerie. En m'examinant,
je n'apperçois en moi ni le deffein de nuire
à perfonne, ni l'ambition de m'élever, en diminuant la gloire des Auteurs qui ont écrit fur la
matière que je traite. Je fais ici l'aveu authenti-
que, que la lecture des Livres qu'on a faits fur
l'Equitation, ne m'a point fatisfait & prefque
point éclairé; & j'ai ouï dire cent fois, par d'habiles gens, que c'était perdre fon temps que de
s'occuper à étudier les Traités de Cavalerie qui
avaient paru jufqu'ici; ce qui prouve que je ne
fuis pas le feul de mon fentiment : au furplus, je
donne mes raifons pour faire fentir la vérité de
ce que j'avance dans mon Traité; c'est aux Lecteurs inftruits à les apprécier, ainfi que tout ce
qu'on peut avoir écrit, pour juger fi l'on a établi
des principes vrais ou faux.

En travaillant dans quelque genre que ce foit,
& fur-tout en fait de chofes un peu fyftématiques,

que l'on doit prendre dans une écurie ;
les outils qu'on doit avoir en campagne ; passons encore sur la propreté
que doit avoir un Cavalier , sur les
grimaces qu'il fait, mal-séantes, en exerçant un cheval , joint à cela la mauvaise habitude de lui parler ; sur la manière d'assurer les chevaux au montoir ,

---

on doit s'attendre à trouver une grande quantité
de personnes, dont la manière de sentir & juger
est presque diamétralement opposée à la nôtre ;
partant de ce principe, je suis donc fondé à ex-
poser mon sentiment , & à faire appercevoir
(sans qu'il soit question de ce qu'on appelle jalousie de métier) les erreurs que je trouve dans
les Ecrits de mes Concurrents, que j'ai étudiés dès
l'âge de neuf à dix ans , temps où une grande passion pour les chevaux se faisait déjà sentir.

On trouvera entre des guillemets ce que je
rapporterai littéralement ; & les remarques, que
je ferai qui seront insérées dans mon Analyse,
seront distinguées par des parenthèses ou par des
Notes.

de les *dégourdir & allégerir* au trot ; fur l'exercice qui lui eft plus aifé ; fur les jeunes chevaux rétifs ; fur ceux qui font appréhenfifs ; fur la manière de les dreffer à l'arquebufade, le châtiment pour les chevaux rétifs qui auraient été trop battus fur la tête ; fur ceux qui auraient été trop *gourmandés* avec l'éperon, ceux qui font malicieux ; fur la différence de l'entier ou du rétif fur les voltes ; fur ceux qui portent le nez plus d'un côté que de l'autre ; enfin fur l'empêchement qu'ils peuvent avoir à bien parer.

Tous ces Chapitres ne contiennent qu'un très-petit nombre de vérités connues de tout le monde aujourd'hui, & enfevelies fous une quantité de paroles inutiles, qui ne méritent pas d'être rapportées.

Voyons le Chapitre fur les chevaux *efguerés* de bouche, ou défefperés.

Monfieur de la Broue y recommande avec raifon de leur ôter l'appréhenfion

de

de la courſe, de l'arrêt trop contraint ,
& de toutes ſortes de châtiments qui
peuvent les avoir rebutés ; il faut, dit-
il, les promener dans des carrières ou
autres lieux ſoupçonneux & propres à
les tenir en alarmes, les arrêter, enfin
les faire reculer, s'ils refuſent ; il faut
les châtier avec le caveſſon & quelquefois avec la bride , & , s'il eſt beſoin,
les battre avec le nerf ou la gaule ſur le
nez & ſur les bras, à moins qu'ils ne
ſoient *colères , ſanguins* & *bien fort
ſenſibles ;* dans ce cas, il faudra leur
tourner la tête tout court du côté où ils
ſeront venus, & les mener dans l'endroit où ils auront fait les opiniâtres ,
recherchant ſoudain de les faire reculer ; ou ſi l'animal eſt fougueux, qu'il
ne ſe veuille tenir ferme ni marcher
droit dans la carrière, il faudra faire
marcher à reculons un homme de pied
qui ſe tienne cinq ou ſix pas devant le
cheval, qui lui ôtera une partie de l'ap-

M

préhenfion , fur-tout en lui donnant quelques friandifes ; il faut que cet homme regarde le cheval droit aux yeux , puis il aidera le Cavalerice pour le faire reculer en le menaçant, le frappant fur les bras, fur le nez, fur le poitrail, fur les flancs & quelquefois en pouffant fortement de la main fur le mitan du caveffon, puis on le fera trotter & galoper en prenant les mêmes foins que ci-deffus, &c.

(Tout ce mélange de châtiments & de careffes, annonce bien l'ineptie des Ecuyers de ce temps-là ; quelle néceffité de faire reculer un cheval qui ne connaît pas la main , & fur-tout qui fe défend par malice ou par ignorance ? Quels bons effets peut produire le reculer , lorfque l'animal fe traverfe, fe preffe , ou s'arrête à coup, fe penche ou fait des pointes, bat à la main ou la force pour s'enfuir ?

Combien ne fommes-nous pas loin

de ces moyens à préfent, puifque nous faifons reculer un cheval au moindre mouvement des doigts, & reculer droit dès la première fois, s'il eft bien préparé? Pour le faire galoper ne faut-il pas qu'il foit difpofé? Et en tout n'y a-t-il pas une manière plus ou moins avantageufe de s'y prendre que nous devons nommer principes, dont M. de la Broue ne parle point?

Parcourons encore le Chapitre des chevaux colères, rebutés & impatients, qui forcent la bride pour fuir la bonne Ecole).

» Quand le cheval, dédaigneux & » défefperé, s'en ira forçant la bride, » le Cavalerice fe doit bien garder de » le battre & de s'attacher à l'appui » d'icelle ; mais plutôt lafchera fouvent » la main, pour après reprendre l'appui. » Car tant plus il tiendroit le poing » fermé, les rênes tendues, ce feroit » lors que le cheval s'armeroit, & s'en

» iroit avec plus d'affurance ; au con-
» traire , fe fentant fouvent comme
» abandonné de l'appui de la main, la
» crainte d'une eftrapade de bride le
» tiendra en foupçon, fi bien qu'il fe
» tiendra beaucoup mieux , fentant
» après tirer les rênes ».

(Monfieur de la Broue commence
d'abord par les moyens doux, excepté
les eftrapades de bride ; mais il finit
par des tortures qui ont dû faire eftropier beaucoup d'hommes & de chevaux, comme on le verra par ce qui
fuit).

« La plupart des chevaux colères &
» courageux , qui forcent le bras & la
» main du Chevalier, ne s'enfuient pas
» feulement à la courfe , mais en s'a-
» bandonnant, ils s'élancent, renfor-
» çant les esbalançons, comme s'ils fe
» vouloient précipiter. Le premier re-
» mède en ceci eft de fe tenir ferme,
» & laiffer paffer, comme l'on pourra,

» la première furie de ces désordres li-
» cencieux, taschant, tant qu'il sera
» possible, de les appaiser avec douceur
» & patience, & sur-tout rendant sou-
» vent la main de la bride ».

(Il parle de rendre ; mais il n'explique point ce que c'est que les à-propos :
d'ailleurs, avant que d'en venir là, il
faut que la main ait fait sentir la pression du mords. Ne serait-il pas nécessaire de parler aussi des degrés de
pression selon les circonstances ? Mais
poursuivons, & voyons M. de la Broue
passer dans l'instant de la douceur à
l'extrême violence).

Second moyen.

« Si le cheval dédaignoit tant la dou-
» ceur, qu'il n'en tînt aucunement comp-
» te, lors il lui faudra faire une charge
» à grands coups de nerf à travers le
» visage, communément des yeux en

» bas, quelquefois entre les deux oreil-
» les fur la fin de fes efforts, afin qu'il
» ait moins de défenfe ; & à l'extrémité
» prendre, s'il eft befoin, l'une des
» cordes du cavefon ou une rêne, ou
» la corde & la rêne enfemble avec la
» main droite, lafchant en même temps
» la main de la bride, pour avoir moyen
» de lui faire plier le col, & tourner la
» tête d'un côté ; car, par cette action,
» il peut perdre la force de tirer à la
» main, le temps des esbalançons, & la
» furie de la courfe ».

(Voilà, il faut en convenir, une ri-
che période, qui doit avoir grande-
ment inftruit les Lecteurs qui ont bien
voulu courir les rifques de mettre en
ufage des moyens auffi faux qu'ils font
dangereux pour le praticien) !

Troifième moyen.

« Et quand le cheval eft dur de bou-
» che & défefperé, que les moyens or-

„ dinaires de l'Escole ne le peuvent faire
„ consentir à l'obéissance de l'arrêt, l'on
„ pourra prendre un gros ruban de soie
„ ou de laine, & d'un bout d'icelui
„ lier les génitoires de ce cheval par un
„ nœud coulant ou arrêté, & attachant
„ l'autre bout à l'arçon de la selle, lais-
„ sant la longueur tant avantageuse que
„ le cheval n'en puisse être aucunement
„ contraint, si ce n'est quand le Cheva-
„ lier voudra ; & lorsqu'il emportera la
„ bride & le cavesson à la désesperade,
„ le Cavalerice tirera discrettement ce
„ ruban, cependant qu'il se mettra aussi
„ en devoir de retenir le cheval avec
„ la main de la bride, & à mesure qu'il
„ l'arrêtera, il faudra lascher le ruban,
„ & par ce moyen aucuns chevaux soup-
„ çonneux s'arrêteront, à savoir tant
„ qu'ils en feront en doute, parce qu'il
„ leur semblera que, pour les arrêter,
„ on les tirera en arrière par les géni-
„ toires. Mais si le Cavalerice ne se

» prévaut diſcrettement de ce remède,
» le cheval le pourra tellement reco-
» gnoiſtre & accouſtumer, que, quelque
» douleur & incommodité qu'il en re-
» çoive, il n'en fera non plus de compte
» que de la bride dédaignée, & par-
» tant il en faudra ſeulement uſer ſui-
» vant que le cheval en fera ſon profit ».

(Quel eſt, je ne dis pas l'Ecuyer, mais ſeulement l'Amateur qui, liſant ce Chapitre, ne ſera pas indigné du traitement inouï que l'on imaginait dans ce temps d'ignorance & de fureur pour ruiner & déſeſpérer les chevaux, loin de les dreſſer ? Après ce que l'on vient de lire des moyens ou remèdes de M. de la Broue, qu'on a employés pour dreſ-ſer les chevaux, nous devons imaginer qu'il y en a eu un grand nombre de ruinés & d'eſtropiés, ainſi que des caſ-ſe-cous qui les montaient. Il ne faut pas être ſurpris ſi ces malheureux ani-maux ſe défendaient preſque tous en

forçant la main, pour courir à la défef-
pérade, comme il eft dit. Les branches
des mords, qui étaient d'une longueur
énorme, les mettaient dans cette néceffité, lorfqu'ils fe fentaient brifer la
mâchoire & les barres par des eftrapades de bride, au-lieu d'un léger temps
d'arrêt ; car les chevaux défefperés par
une douleur aiguë qu'ils ne peuvent
combattre, fuient à toutes jambes, même dans les endroits les plus dangereux
pour s'y fouftraire, quoiqu'elle ne foit
qu'inftantanée. Si ceux que nous dreffons
de nos jours, dont les mœurs font certainement les mêmes que du temps de M.
de la Broue, parce qu'elles font permanentes, pendant que celles des hommes
changent en bien ou en mal d'un luftre
à l'autre ; fi nos chevaux, dis-je, obéif-
fent au moindre mouvement de la main,
même avec un fimple bridon, nous pou-
vons conclure que l'art a pris la place
de la violence, & que l'inftruction que

M 5

nous leur donnons , outre qu'elle ne les ruine point , les a plutôt formés à toutes sortes d'ufages , quand la patience & l'intelligence en font la bafe).

Pour les chevaux qui fe cabrent ou ruent , M. de la Broue recommande encore de frapper fur la tête & fur les flancs avec le nerf, la gaule : « mêlez, » dit-il, de l'éperon ; & en fe fervant du » cordon, &c ».

Ayant copié quelques articles qui font contre M. de la Broue , il convient auffi que je rapporte ce qui eft à fa louange ; car il faut de la juftice en tout, malgré la concurrence.

« Les moyens plus certains pour unir » les forces du cheval, lui affurer la » tête & les hanches, le rendre léger » à la main & capable de la juftefle & » fermeffe de toutes fortes d'airs & de » manéges, dépendent de la perfection » du parer. Et pour commencer l'ordre

» des plus belles leçons propres à cet
» effet, il est tout premier nécessaire
» que le cheval tourne à toutes mains
» au trot & au galop, & qu'il ne refuse
» jamais de partir de la main ; car ce
» serait trop grande incongruité de le
» vouloir résoudre à la justesse de l'ar-
» rêt, s'il étoit ramingue ou rétif par
» le droit, ou entier à quelque main :
» mesmement, comme j'ai déjà dit ail-
» leurs, que les remèdes qui assurent
» plus le col & la tête du cheval, sont
» ceux qui le font plutôt devenir entier
» & ramingue, si premiérement il n'est
» libre à tourner également à chaque
» main ».

(Voilà des vérités dont on peut faire
son profit ; toutefois si elles sont bien
senties par les Elèves, parce que, les
moyens n'étant point expliqués, on
pourrait encore donner à gauche avec
cette judicieuse théorie).

Comme presque tous les préceptes

de M. de la Broue, dans les Chapitres
suivants, excepté le troisième Livre, qui
ne traite que des embouchures, con-
sistent à employer des moyens à-peu-
près semblables à ceux qui sont expliqués ci-devant, & qu'il ne se lasse point
de se répéter, je ne pense pas qu'on
puisse tirer avantage de ce qu'ils contiennent. Je me bornerai à faire part de
ses principes sur la juste assiette du Cavalerice, qui n'est pas ce qu'il a donné
de moins conséquent, & à faire l'aveu
que la bonne intention, la naïveté &
la franchise qu'on y apperçoit & qui re-
gnent dans ses Ecrits, font l'éloge de ce
Restaurateur de la Cavalerie (1).

---

(1) Quoique les Principes de M. de la Broue
nous paraissent extraordinaires, en les comparant
avec ceux que nous suivons de nos jours dans les
bonnes Ecoles ; il n'est pas moins vrai que nous
devons à ses soins & à ses peines, on pourrait
même ajouter aux dangers qu'il a courus de se

La juste assiette du Cavalerice.

« Ce n'est pas tout que le Cavalerice
» soit curieux de s'équiper proprement

---

tuer, en dressant les chevaux à sa manière, d'avoir mis l'Equitation en vigueur, & d'avoir corrigé une quantité d'abus qui servaient de principes avant la réforme qui s'en fit, lorsqu'on adopta ceux qu'il avait apportés de Naples, qui nous semblent si étranges actuellement. En réfléchissant sur les gradations qu'il peut y avoir eu depuis le temps où vivait M. de la Broue, nous trouverons que les progrès ont été lents. Il est vrai que quelques Auteurs ont introduit des erreurs qui, faisant schisme, ont non-seulement appesanti la marche, mais encore ont fait manquer l'instruction de beaucoup de personnes, indépendamment d'une infinité de chevaux qui ont été ruinés par la pratique systématique qu'on suivait.

Revenons à M. de la Broue : on ne saurait disconvenir qu'il n'ait indiqué les moyens les moins rudes pour lors, malgré la méthode qu'il estimait très-con-

» & de faire bien agencer le cheval. Je
» veux auſſi qu'eſtant à cheval, il ait
» l'aſſiette juſte & belle, à ſavoir qu'il

---

venable, qui était de faire creuſer des foſſés dans
les manèges, profonds de deux pieds, pour faire
exécuter les voltes avec préciſion; de ſe ſervir
d'une montagne pour apprendre à un cheval à
reculer ſur les hanches, c'eſt-à-dire, de le faire
reculer contre mont; de le piquer avec une mol-
lette au bout d'une longue perche, pour lui apprendre à ſauter; de corriger & menacer « à voix
» furieuſe, (ce ſont ſes expreſſions,) ceux qui de
» leur naturel étaient fingards; de prendre pa-
» tience deux ou trois Leçons pour un cheval
» que l'on deſire *affiner*, *lequel ſeroit ennuyé,*
» *rebuté de l'Ecole, débauché & hors de juſteſſe,*
» *pour voir s'il voudrait ſe ſoumettre avant d'être*
» *rudement battu;* » de jetter ſon manteau ſur les
yeux à un cheval qui forçait la main & courait *à*
la déſeſperade; de lui donner par fois des *eſcaveſ-*
ſades & des *eſbrillades,* c'eſt-à-dire, des *ſaccades;*
de lui attacher les génitoires avec un cordon; de
le pouſſer avec les deux éperons contre un mur,
contre une porte, contre une corde tendue dans

„ tienne ordinairement la teste droite
„ & le visage directement à l’opposite

une allée d’arbres à la hauteur du poitrail , ou pousser le cheval , à la têtiere duquel on aurait attaché
deux cordes , une de chaque côté , dont les extrémités seraient arrêtées à deux arbres , &c. Moyens ,
dis-je , qui n’approchaient pas , quoique très-vio-
lents , de ceux que ses prédécesseurs employaient
quand un cheval partait à la désespérade , qui con-
sistaient à le frapper à grands coups de nerf sur la
tête pour l’étourdir, mettre les deux mollettes dans
les flancs jusqu’à ce que l’animal , hors d’haleine ,
tombât sous le Cavalier de fatigue & d’épuise-
ment ; de le pousser dans un précipice pour lui
apprendre à s’arrêter par le danger qui se présen-
tait : action qui prouve qu’il n’y avait pas dans ce
temps-là des mains bien savantes ; mais qui est
digne de la bravoure des preux Chevaliers qui
existaient alors.

M. de la Broue nous raconte , d’un cheval gas-
con qu’il montait dans une longue allée d’un parc ,
qu’un calus qu’avait cet animal sur les barres , lui
fit forcer la main & courir à toutes jambes ; que ,
deux coups de cravache ayant été appuyés , malgré cela , vigoureusement sur ce calus , le cheval

» de la nucque du cheval ; les épaules
» également droites & nivelées, plutoſt

---

alla ſe fracaſſer la bouche, le nez, un ſourcil, &
ſe mutiler l'épaule contre une porte très-forte qui
était au bout du parc. Cet Ecuyer ajoûte que le
lendemain il fut à l'écurie ; & que, ne le trouvant
pas mort, il monta ſur le cheval impatient, & alla
ſe préſenter tout exprès devant la porte du parc ;
mais que l'animal, ſe ſouvenant de l'épreuve de
la veille, au-lieu de forcer la main, recula précipitamment, & que ce moyen eut un heureux ſuccès.

On voit par ce récit, que M. de la Broue était
déterminé, mais point effréné, comme ceux qui
pouſſaient leurs chevaux dans des précipices, ainſi
que je l'ai rapporté plus haut ; car autre choſe eſt
de heurter contre une porte ou de ſe précipiter.
Sur le tout, on peut dire que, ſi ces Ecuyers re-
venaient de nos jours, ils trouveraient peu d'imi-
tateurs.

Je finirai cette longue Note par expoſer la
bonhommie de M. de la Broue, dans l'aveu qu'il fait
dans ſa Dédicace, que non-ſeulement il n'a point
étudié ; mais qu'il ne ſait même lire que dans ſes
heures. Franchiſe de ſa part qui ſerait encore peu
ſuivie actuellement.

» un peu penchées en arrière, que trop
» en avant, sans que la droite soit plus
» reculée que la gauche ; comme il ad-
» vient d'ordinaire, si l'on n'y pense cu-
» rieusement ». (Il veut dire, si l'on ne
se sent bien à cheval, & c'est tout dire ;
car de-là dépend la base, sans laquelle
il n'y a point de précision, point de
grace dans le Cavalier, point de brillant dans l'animal qui exerce sous lui).

« A cause de la posture du bras de
» la bride, qui nécessairement est le
» plus avancé, & aussi de la plupart
» des actions de celui de l'épée, ou de
» la gaule, qui, de nature, se font plus
» facilement en arrière qu'en avant : le
» poing de la bride à la hauteur & au
» niveau du coude d'icelui, & commu-
» nément environ trois ou quatre doigts
» plus haut que la tête de l'arçon de la
» selle & deux doigts plus advancé : le
» coude du bras de la gaule ordinaire-
» ment un peu plus avancé que l'os de

„ la hanche, un peu plus ouvert &
„ loin du corps que celui de la bride;
„ la gaule, le plus souvent mouvante,
„ ayant la pointe en haut; l'estomac un
„ peu advancé, pour ne paroistre avoir
„ les épaules voultées; les fesses advan-
„ cées aussi, afin de ne se trouver assis
„ trop loing de l'arçon de devant, qui
„ est une particularité mal séante; les
„ reins droits & roides; les cuisses fer-
„ mes & comme collées dedans la selle;
„ les genoux serrés & plutôt tournés en-
„ dedans qu'en-dehors; les jambes au-
„ tant proches du cheval qu'il se pour-
„ ra, *tendues & droites comme quand l'on*
„ *est à pied, debout & droictement ar-*
„ *resté, en quelque lieu plein & uni* „.
(L'histoire des reins & des jambes est
bien mauvaise, quoi qu'en puissent dire
les Allemands & beaucoup d'Italiens,
qui suivent encore ce principe). « A sa-
„ voir si le Chevalier est de grande ou
„ médiocre taille; & s'il est de petite sta-

„ ture, il doit tenir ſes jambes les plus
„ advancées & voiſines des épaules du
„ cheval qu'il ſera poſſible ; le talon
„ plus bas que la pointe du pied, ſans
„ être tourné en-dedans ni en-dehors ;
„ le bout du pied droictement & ſûre-
„ ment appuyé ſur le milieu de la plan-
„ chette de l'étrieu , & de façon que la
„ pointe de la ſemelle de la botte ou-
„ trepaſſe la planchette, environ un
„ pouce „.

*L'Inſtruction du Roi en l'exercice
de monter à cheval , par Meſſire
Antoine de Pluvinel , ſon Ecuyer
principal ; imprimée en 1625.*

Ce ſerait faire beaucoup de tort à
Monſieur de Pluvinel, que de le comparer à Monſieur Salomon de la Broue,
quoiqu'ils aient été l'un & l'autre s'inſtruire ſous le même maître. Autant ce
dernier a employé la force , la violence

& les châtiments les plus cruels pour dreſſer les chevaux, autant le premier recommande la patience & la douceur. Il était facile à M. de la Broue de ſe faire un nom en réformant ou en augmentant les principes que l'on avait en France avant lui, où l'art de la Cavalerie était pour lors au berceau; il arrivait de Naples, dont le Collége militaire, ſupérieur à celui de Rome même, jouiſſait d'une grande réputation, ſur-tout ſous Pignatelli, l'illuſtre maître qui lui donna leçon; mais moins par goût pour la nouveauté, naturelle aux Français, que par la haute idée que l'on avait de cette Ecole d'Equitation, chacun adoptait les préceptes de la Broue comme venant d'un Oracle; il introduiſit l'uſage d'un ſeul pilier; il créa des termes pour l'intelligence de l'art qu'il profeſſait. Il fit un grand étalage de figures pour les voltes, les changements & contrechangements de main larges ou étroits. Il établit des principes pour la belle posture du Cavalier à cheval, & dans son troisième Livre il perfectionna un peu les embouchures. Aussi en faveur des obligations que les Amateurs de son temps contractaient avec lui, on composa une grande quantité de Sonnets à sa louange; on ne jurait que par M. de la Broue; enfin il fut regardé comme le Dieu tutélaire de l'art de dresser & soumettre les chevaux. L'enthousiasme que l'on montrait pour M. de la Broue aurait dû, ce semble, augmenter en faveur de Mr. de Pluvinel, qui, quinze ans après, fit imprimer les principes qui se trouvent dans ses Dialogues avec Louis XIII, que ce Seigneur eut l'avantage d'instruire en l'art d'exercer les chevaux. Cependant on ne lui a donné que très-peu d'éloges: il n'est cité que rarement dans les Ouvrages qu'on a faits depuis sur l'Equitation,

Ne voulant point faire à M. de Pluvinel l'injuſtice que lui ont fait mes prédéceſſeurs, (qui n'ont preſque parlé que de la curioſité des gravures qui ſont dans ſon Livre repréſentant le Roi, M. de Pluvinel & les Seigneurs de la Cour dans les habillements qu'on avait alors, qui étaient bien différents de ceux dont nous nous ſervons), j'avance qu'il était de beaucoup ſupérieur à M. de la Broue, & qu'il a jetté autant de clarté ſur les principes qu'avait introduit le même M. de la Broue, que ce dernier en avait mis dans ceux qui exiſtaient avant lui. Je ne veux tranſcrire de ſes Dialogues qu'une des queſtions du Roi & une réponſe de M. de Pluvinel, pour mettre le Lecteur à même de comparer les deux Auteurs, & d'appercevoir la différence des principes de l'un à ceux de l'autre (1).

---

(1) On peut déſapprouver, avec raiſon, le trop

Le Roi.

« Je comprends fort bien, & juge
» que vous avez raison de commencer
» vos chevaux sur les voltes à main

---

fréquent usage que M. de Pluvinel faisait des deux
piliers dont il est l'inventeur; mais la patience & la
douceur qu'il employait en dressant les chevaux
à sa manière, pouvait beaucoup les conserver,
pendant que les violens remedes de M. de la
Broue les ruinaient indubitablement en liberté :
aussi trouvait-il que c'était grand dommage que
les chevaux eussent d'abord des courbes, des
éparvins, des vessigons, des mollettes, &c. avant
que d'être parfaitement dressés. Il regardait comme la défense la plus dangereuse & la plus commune aux chevaux, l'action de forcer la main. M.
de Pluvinel, au contraire, ne la regardant pas comme une défense, employait des moyens doux
pour arrêter un cheval & le soumettre à la main.
Voilà ce qui le fit réussir à dresser le cheval Barbe
que Monsieur Le Grand avait donné au Roi, &
duquel M. de la Broue, après l'avoi long-temps

» droite , quoique le plus difficile ;
» mais d'autant que vous ne voulez
» pas qu'on batte le cheval à ce com-
» mencement, vous présuppofez par-là
» que toutes fortes de chevaux doivent
» obéir facilement ; & fi , par hafard ,
» le contraire advenoit, (car il y en a
» de diverfe nature, bonne ou mauvai-
» fe) comme quoi il en faudrait ufer ?

M. de Pluvinel.

« Sire , quand j'ai dit qu'il fe falloit
» garder de battre le cheval à ce com-

---

travaillé, dit avec M. le Connétable, que l'animal ne ferait jamais propre à rien , parce qu'il
était trop fenfible & qu'il avait les barres trop
tranchantes.

Je ne dirai rien des principes fur la pofture à
cheval que M. de Pluvinel explique au Roi en
lui préfentant M. le Marquis de Terme à cheval,
qui ne diffère que de très-peu de chofe de celle
qu'a donné M. de la Broue.

» mencement

» mencement pour les raisons que j'ai
» déclarées : j'ai dit si faire se peut ;
» mais je passe outre, & assûre qu'il ne
» faut nullement battre au commence-
» ment, au milieu ni à la fin, (s'il est
» possible de s'en empescher,) estant
» bien plus nécessaire de le dresser par
» la douceur, (s'il y a moyen,) que
» par la rigueur ; en ce que le cheval
» qui manie par plaisir, va de meil-
» leure grace que celui qui est contraint
» par la force. Davantage, en le for-
» çant, il en arrive le plus souvent des
» accidents à l'homme & au cheval ; à
» l'homme, en ce qu'il court fortune de
» se blesser, si la force dont il use n'est
» conduite avec grand jugement ; & au
» cheval, qui, en courant le même
» risque, étouffe sa gentillesse, s'use
» les pieds & les jambes, se rendant
» par-là incapable de bien servir. Mais
» d'autant que les Français ne sont pas
» de l'humeur des autres Nations, en

N

„ ce que leurs chevaux, de quelque na-
„ ture qu'ils foyent , bien que fans
„ force , fans adreffe & fans gentilleffe,
„ ils veulent , fans confidérer ces cho-
„ fes, les faire dreffer. J'ai creu, avant
„ que paffer outre , devoir dire à voftre
„ Majefté , un petit mot de la nature
„ des chevaux en particulier. Premiè-
„ rement , il eft tout certain que j'ai
„ remarqué par les lieux où j'ai été
„ hors ce Royaume , mefmement en
„ Italie, où on a toujours fait grande
„ profeffion de l'exercice de la Cavale-
„ rie , qu'ils n'entreprennent point un
„ cheval , qu'il n'ait toutes les qualités
„ néceffaires pour bien manier , & fi
„ on leur en mène qui foient colères
„ & impatients , mefchants , lafches,
„ pareffeux , mauvaife bouche & pe-
„ fante, infailliblement quelque beaux
„ qu'ils puiffent être , ils ne les entre-
„ prennent point : au contraire , ils
„ les envoyent au carroffe ; ce que les

» François ne trouveroient nullement
» bon, & accuſeroient d'ignorance les
» Ecuyers qui renvoyeroient leurs che-
» vaux de la ſorte. C'eſt l'occaſion,
» Sire, qui m'a fait plus ſoigneuſe-
» ment rechercher la méthode de la-
» quelle j'uſe, pour ce que par autre
» voie il me ſeroit impoſſible de réduire
» quantité de chevaux que l'on m'a-
» mène, dont la pluſpart ont les mau-
» vaiſes qualités ci-deſſus : qui me fait
» dire ſans vanité ni préſomption, que,
» ſi je n'euſſe recogneu mes règles plus
» certaines, & beaucoup plus briefves
» que toutes les autres que j'avois ap-
» priſes, je n'aurois pas quitté la plus
» grande partie de celles du Seigneur
» Jean-Baptiſte Pignatel, Gentilhom-
» me Néapolitain, le plus excellent
» homme de cheval qui ait jamais
» eſté de noſtre ſiècle, ni auparavant,
» duquel j'ai appris une partie de ce
» que je ſais, durant le temps de ſix

» années que j'ai passé auprès de lui.
» Et pour ce que je n'ai jamais eu faute
» que de temps, j'ai travaillé à l'abré-
» ger autant qu'il m'a été possible pour
» dresser les hommes & les chevaux, à
» quoi j'ai réussi si heureusement, que
» je puis faire voir que mes règles sont
» des plus briefves, & si certaines qu'el-
» les sont infaillibles. Ce n'est pas que
» je réprouve les autres, par lesquelles
» les bons & rares Escuyers apprennent
» à leurs chevaux à bien manier juste :
» mais j'estime celles desquelles je me
» sers, estre telles que je les viens de
» dire, & de plus moins périlleuses.
» Si donc quelque cheval refuse d'obéir,
» il faut que le prudent Chevalier con-
» sidere ce qui l'en empesche. Si le che-
» val est impatient, méchant & colè-
» re, il se faut donner garde de le
» battre, (quelque meschanceté & dé-
» fense qu'il fasse) pourvu qu'il aille
» en avant; pour ce qu'estant retenu de

„ court, cette subjection chastie assez
„ sa cervelle, (ce qui est plus nécessaire
„ à travailler à tels chevaux & à tous
„ autres, que les reins & les jambes,)
„ & les cordes du cavesson, durant ces
„ escapades, lui donnent le chastiment
„ à propos, & au même temps qu'il se
„ met en effort de s'échapper, telle-
„ ment que par cette voie, il faut qu'il
„ demeure dans sa piste, malgré qu'il
„ en ait : mais si l'incommodité du ca-
„ vesson le faisoit arrester pour cher-
„ cher quelqu'autre défense, soit en
„ allant en arrière, ou bien en se jet-
„ tant contre le pilier, alors celui qui
„ tiendra la chambrière, lui en fera
„ peur, & lui donnera un coup, contre
„ lequel si il se défend, il redoublera
„ jusques à ce que le cheval aille en
„ avant : puis incontinent lui donnera
„ à cognoistre que son obéissance pro-
„ duit les caresses ; & continuant de
„ la sorte avec la prudence requise, le

» cheval s'appercevra & exécutera bien-
» toſt ce qu'on deſire de lui. Si le che-
» val eſt pareſſeux & laſche, & que ſa
» pareſſe & laſcheté lui faſſent refuſer
» d'obéir, il faut ſe ſervir de la cham-
» brière vigoureuſement, tantoſt de la
» peur, tantoſt du mal, eſpargnant
» néanmoins les coups le plus qu'il ſera
» poſſible, pour ce que ce doit être le
» dernier remede, lequel il ne faut
» mettre en uſage qu'aux extrémités
» des malices noires des chevaux, prin-
» cipalement quand en ſe défendant ils
» cherchent l'homme pour lui faire
» mal. Si le cheval ſe rencontre avoir
» mauvaiſe bouche, ordinairement la
» défenſe s'exerce pluſtot en avant, &
» en forçant la main, que non pas en
» arrière ; tellement que tel cheval ne
» doit éſtre battu ; au contraire, retenu
» & allegéri, pour lui donner bon &
» juſte appui & le mettre ſur les han-
» ches, afin de lui oſter l'habitude de

» s'appuyer fur la bride & forcer la
» main ; ce qui fe fera au même pi-
» lier , en trottant & galopant douce-
» ment, jufqu'à ce qu'il faffe fa leçon
» fans contrainte , & avec de la légè-
» reté. Si le cheval eft pefant , & que
» fa feule pefanteur empefche l'obéif-
» fance que l'on defire, il eft befoin de
» le fort allégerir par la continuation
» de cette leçon , ou par les fuivantes ;
» de crainte que, fi on le preffoit aupa-
» ravant que de l'avoir allégeri du de-
» vant, ou appris la commodité d'eftre
» fur les hanches , il ne fe mît fur les
» efpaules , de telle forte qu'il fût après
» fort difficile de le relever : mais fi
» parmi la pefanteur il s'y rencontroit
» de la malice, il faudroit bien pren-
» dre garde de le preffer auparavant
» que de l'avoir allégeri , crainte de
» l'accident fufdit, & d'un autre plus
» fafcheux , qui eft que , le preffant
» avant que d'eftre allégeri, il ne man-

N 4

» queroit pas de fe défendre de fa ma-
» lice, laquelle n'eftant pas fecondée
» de force ni de légèreté, il y auroit
» hafard que le cheval eftant attaché à
» terre à caufe de fa pefanteur, cela
» l'obligeaft, voyant qu'il ne fe pour-
» roit défendre de fa force, de fe jetter
» contre terre, ou, tafchant de faire
» quelques eflans, n'eftant affifté de
» force ni de légèreté, tomber ou fe
» renverfer, ou quelquefois fe cou-
» cher ».

Méthode & invention nouvelle de dreffer les Chevaux, par le Duc Guillaume de Newcaftle ; imprimée à Anvers en 1657.

Je ne fuis pas de l'avis de ceux qui difent qu'on ne faurait difconvenir que le Duc de Newcaftle ait augmenté le petit nombre de connaiffances que l'on avait avant fes écrits. Ses principes, déduits avec affez de foin, ont fait un très-grand tort à la Cavalerie , & les moyens qu'il indique à fuivre pour dreffer les chevaux , ne peuvent être fentis par les Elèves & Amateurs , non plus que ceux de tous les Traités de Cavalerie anciens & modernes , comme je prétends le démontrer dans l'Analyfe que je fais des Ouvrages qui ont le plus influé fur les éléments d'Equitation que nous avons.

En difant, *quand le cheval fera dreffé , à un air , vous le pafferez à un autre ,* le Duc de Newcaftle n'indique point les moyens qu'on aura dû employer pour l'inftruire au premier, & encore moins ce qui prouve que l'animal eft affez affoupli & confirmé à une leçon pour paffer à une autre qui l'affujettit davantage , & qui exige qu'il foit préparé.

En difant , pour faire exécuter au cheval telle ou telle chofe, *vous fou-*

tiendrez la main à droite ou à gauche, les ongles en-deſſus ou en-deſſous ; en piquant de l'une ou l'autre jambe, vous vous ſervirez des rênes de la bride ou de celles du caveſſon : ce n'eſt point encore expliquer les degrés, l'inſtant ou l'à-propos, choſes indiſpenſables pour l'inſtruction du cheval : car tous les mouvements du Cavalier qui ne feraient point agir l'animal à un degré convenable à ce qu'on exige, ne produiraient point d'effet avantageux ; & c'eſt auſſi ce qui arrive, quand les ignorants veulent entreprendre de dreſſer les chevaux : ils font beaucoup de mouvements inutiles, & quantité d'autres nuiſibles ou oppoſés à ceux qui conviendraient pour remplir l'objet qu'ils ont en vue.

Comme depuis le Duc de Newcaſtle on a ſimplifié & perfectionné dans les bonnes Ecoles les principes anciens, & que ceux qu'il a imaginés, ne ſont ſuivis

que par des personnes à qui les grands
maîtres de nos jours ne reconnaissent
point de talens, je transcrirai seulement
un ou deux de ses préceptes, afin qu'on
puisse juger, sans avoir recours à son
Livre, de la manière dont il s'exprime
pour communiquer ses idées, & de la
fausseté des principes qu'il a introduits,
sur l'assiette du Cavalier, & que je regarde comme l'époque des divisions
qu'il y a eu dans les opinions plus ou
moins erronnées des Ecuyers lesquelles
ont beaucoup retardé les progrès qu'on
aurait pu faire sur l'Equitation, & occasionné la ruine d'une infinité de braves
chevaux (1).

----

(1) En réfléchissant un peu sur la diversité des
principes que l'on a établis pour la posture du Cavalier à cheval, qui doit être regardée sans contre-
dit comme la base de l'art de dresser & soumettre
les chevaux, il paraît incroyable qu'une chose
susceptible de démonstrations ait pû occasionner

De l'assiette parfaite, & des actions du Cavalier.

« Avant que le Cavalier monte à
» cheval, il doit voir que toutes cho-

---

des erreurs aussi permanentes. Messieurs de la
Broue, de Pluvinel & beaucoup d'autres personnes qui suivent encore leurs principes sur la posture, en recommandant de s'étendre sur les étriers
& porter les pieds en avant à l'épaule du cheval,
de ferrer les genoux pour s'affermir dessus ; de tenir les jambes roides ainsi que les cuisses, &c. ont
eu grand tort : car cette action éloigne la ceinture du pommeau & les fesses de la selle, & prive
le Cavalier des ressorts qui se trouvent aux articulations des pieds, des jambes & des cuisses ; mais
sur-tout de la pression qu'il doit faire continuellement sur la selle avec les tubérosités des ischions,
de laquelle on tire les plus grands avantages,
lorsqu'on sait s'en servir à propos.

Combien à plus forte raison le Duc de Newcastle n'a-t-il pas fait donner à gauche ceux qui
ont suivi exactement ce qu'il explique sur la posture du Cavalier à cheval, ainsi que je le prouve-

» ſes à l'entour de ſon cheval ſoyent en
» ordre, ce qu'il aura fait en un inſtant,
» ſans être à prier après la moindre pe-

---

rai ailleurs ! Je ne puis encore me diſpenſer de
dire que les moyens qu'il employait pour aſſouplir l'encolure des chevaux eſt ridicule. En attachant une rêne du caveſſon à l'arçon de la ſelle ,
il faiſait roidir cette partie par la contrainte ſuivie
de l'effet de cette rêne ſoit à l'une ou à l'autre
main, en employant beaucoup de force pour tirer la tête de l'animal juſques ſur la botte. En exerçant, pour le faire regarder des deux yeux dans
la volte, il le mettait très-mal à ſon aiſe, ſans qu'il
fût plutôt placé. Auſſi voit-on que les figures des
chevaux, qui ont été gravées avec beaucoup de
fraix dans la grande quantité de planches qui ſont
dans ſon Livre, ont l'encolure tordue; la tête n'eſt
point placée dans la ligne verticale, & le bout
du nez eſt trop près du poitrail; ce que l'on nomme encapuchonné.

Puiſque je ſuis ſur quelques erreurs du Duc de
Newcaſtle , je n'omettrai point celles où il dit
que le pas eſt l'action du trot, & que le galop
tire ſa ſource du trot; que l'uſage des deux pi-

» tite chofe, pour (comme l'on dit)
» faire de l'entendu. Lorfqu'il eft dans
» la felle (car je préfuppofe que la plu-
» part favent comme il y faut monter) il
» s'y doit féoir droit fur l'enfourchure,
» & non fur les feffes, combien que
» plufieurs croyent que la nature les a
» faites pour s'affeoir deffus : mais il ne
» faut pas s'en fervir à cheval. Etant
» donc bien placé fur l'enfourchure
» dans le milieu de la felle, il doit

---

liers, que Mr. de Pluvinel a inventé, eft moins avantageux pour dreffer les chevaux qu'un feul, &c.

Ce que je viens d'écrire, & ce que je penfe des principes du Duc de Newcaftle, ne m'empêchera pas de convenir que l'on doit des éloges aux foins & aux peines qu'il a pris avec le Capitaine Mazin, fon Elève, de faire un Livre auffi confidérable que celui qu'il a donné au Public, dans la grande confiance de lui communiquer les lumières qui lui ont fervi pour dreffer, affouplir & foumettre les chevaux à fa manière.

» s'avancer vers le pommeau le plus qu'il
» pourra, laiſſant la largeur de la main
» entre ſon derrière & l'arçon de la
» ſelle, tenant les jambes droites en
» bas, comme s'il eſtoit à pied, ſes ge-
» noux & cuiſſes tournés au-dedans vers
» la ſelle, les tenant ſerrés & fermés,
» comme s'ils étoient collés à la ſelle;
» car le Cavalier n'a autre choſe avec
» le contrepoids de ſon corps à ſe ténir
» à cheval. Il doit ſe planter ferme ſur
» les étriers, le talon un peu plus bas
» que les orteils, en ſorte que le bout
» des orteils paſſe les étriers de demi-
» pouce, ou un peu davantage; il doit
» tenir le jarret roide, les jambes ni
» trop loin, ni trop près du cheval,
» c'eſt-à-dire, qu'il ne lui touche pas les
» côtés, à cauſe des aides que j'enſei-
» gnerai ci-après. Il doit tenir les rênes
» dans la main gauche, les ſéparant du
» petit doigt, ſerrant le reſte dans la
» main, le pouce ſur les rênes, & te-

» nant son bras plié tout contre son
» corps, mais sans être contraint. La
» main de la bride doit être trois doigts
» au-dessus du pommeau, & deux doigts
» plus avancée que le pommeau, afin
» qu'il n'empesche pas de manier les
» rênes, qui doivent être droites sur le
» col du cheval. Il doit avoir dans la
» main droite une houssine souple, pas
» trop longue comme une gaule à pes-
» cher, ni trop courte comme un poin-
» çon, mais plutost courte que longue;
» d'autant qu'on a plusieurs aides très-
» belles d'une houssine courte, que la
» longue ne permettroit pas : le man-
» che d'icelle doit passer un peu la
» main, & cela non pas seulement
» pour en caresser le cheval, mais
» aussi pour la tenir plus ferme. La
» main droite dans laquelle est la hous-
» sine, doit être un peu devant la main
» de la bride, la pointe de la houssine
» au-dedans, la poitrine un peu avan-

» cée, le visage gai & réjoui, sans
» toutefois rire, regardant droit entre
» les deux oreilles du cheval lorsqu'il
» avance. Je n'entends pas qu'il soit
» roide comme un bâton, ou qu'il se
» tienne à cheval comme une statue;
» mais au contraire, qu'il soit libre,
» & avec toute la franchise possible,
» &, comme l'on dit (en dansant) à la
» négligence. Ainsi, je voudrois qu'un
» homme fût à cheval en Cavalier,
» sans aucune formalité; car cela sent
» plus l'Ecolier que le Maître; & je
» n'ai jamais vu aucune formalité qui
» ne m'ait semblé approcher du simple
» & du niais. L'assiette est de telle im-
» portance, comme vous verrez ci-
» après, que c'est la seule chose qui
» fait aller un cheval juste, & qui est
» préférable à toute autre aide; ne la
» méprisez donc point. Qui plus est,
» j'oserai dire en assurance, que celui
» qui n'est pas bel homme de cheval,

» ne fera jamais bon homme de che-
» val. Quant aux rênes de la bride &
» du cavesson, je vous enseignerai aux
» discours suivans ce qui n'a jamais
» été connu jusqu'ici ». (Je ne puis
comprendre comment, avec une telle
assiette, on pouvait avoir une bonne
tenue à cheval, & le sentir assez exactement pour le dresser à toutes les allures & à tous les airs. L'aveu que je
viens de faire, me conduit à un autre
sur la difficulté que je trouve à conci-
lier les grandes choses que les Auteurs
racontent qu'ils ont faites sur les chevaux, avec le peu d'avantage que l'on
tire de leurs principes).

De la façon dont M. de Newcastle dit
avoir réduit un cheval rétif à tout excès.

« Un cheval rétif à tout excès ne
» consiste pas seulement en ce qu'il ne
» veut point avancer, mais aussi en

» ce qu'il s'oppofe au Cavalier, en tout
» ce qui lui eft poffible, & cela avec
» malice : car, fi on le veut faire avan-
» cer, il ira en arrière ; fi on le veut
» faire tourner à une main, il voudra
» tourner à l'autre : ainfi il fe défen-
» dra, & s'oppofera à tout ce qu'on
» voudra lui faire faire. Ces actions
» ne font que méchanceté envers le
» Cavalier, pour le contrarier à tout ce
» qu'il veut faire.

» Mais voici le fondement fur le-
» quel il faut travailler pour les accor-
» der & gagner le cheval : car la per-
» fection d'un cheval bien dreffé con-
» fifte en ce qu'il fuit la volonté du
» Cavalier, en forte qu'ils n'aient
» qu'une volonté. Il faut un peu le
» forcer, mais pas long-temps ; car on
» le rendroit pire. Je n'ai point en-
» core veu que la force & la paffion
» aient gagné quoi que ce foit fur un
» cheval ; car le cheval ayant moins

» d'entendement que le Cavalier ; sa
» passion en est plus forte, tellement
» qu'il l'emporte toujours sur le Cava-
» lier ; ce qui fait qu'aucune violence
» n'a d'effet sur lui : car, lorsque le
» Cavalier pense être victorieux, il est
» trompé, veu qu'on trouve au mesme
» temps que c'est le cheval : parce que,
» lors que le Cavalier a tant éperonné
» le cheval, qu'il l'a mis tout à sang
» & à sueur, & que lui-même s'est
» baigné dans la sueur & qu'il s'est
» mis hors d'haleine, cependant qu'il
» tourmentera le cheval, il résistera
» toujours ; il courra contre une mu-
» raille, ou se couchera, mordra, rue-
» ra, & fera mille désordres de la sorte.
» Tout aussi-tôt que le Cavalier ne
» l'éperonne, ni ne bat plus, il laisse
» ses méchancetés ; en quoi le Cava-
» lier, qui pense avoir surmonté le
» cheval, est trompé, parce qu'il ne
» fait plus la rosse au pas, d'autant

» qu'il est victorieux, si le Cavalier s'y
» entend bien ; car le Cavalier lui a
» cédé en cessant de le battre & de
» l'éperonner. Le cheval donc trou-
» vant qu'il a du meilleur, il est tout-
» à-fait conquérant.

» Si le Cavalier recommence encore
» à le battre & éperonner, le cheval
» lui résistera de rechef ; ce n'est donc
» pas le cheval qui est vaincu, mais
» le Cavalier, qui est la plus grande
» bête des deux. Battre & éperonner
» ne fait que continuer la querelle jus-
» ques à la mort, comme un duel.
» Partant, c'est le tout de rendre le
» Cavalier & le cheval amis, & faire
» qu'ils n'aient qu'une volonté.

» Si en cette extrémité on ne le
» peut faire en une façon, il le faut
» faire en une autre ; c'est-à-dire, si
» en cette extrémité le cheval ne veut
» s'accorder avec vous, il faut que
» vous vous accordiez avec lui en cette

» forte : vous voulez faire avancer vo-
» tre cheval ; lui, pour se défendre
» de vous, se jettera en arrière : alors
» à l'instant vous le devez tirer très-
» fort en arrière : or, pour vous être
» contraire, il s'avancera ; sur quoi
» vous le devez pousser très-fort en
» avant. Si vous voulez tourner à la
» main droite, il voudra tourner à la
» main gauche ; vous donc, tournez-le
» à la main gauche aussi vîte qu'il vous
» sera possible. Si vous voulez tourner
» à la main gauche, il voudra tourner
» à la main droite ; tournez-le alors
» à la main droite aussi vîte qu'il vous
» sera possible. Si vous voulez le faire
» aller de biais d'un côté, il voudra
» aller de l'autre ; suivez l'y donc. S'il
» veut se lever, levez-le vous-même
» deux ou trois fois. En un mot, sui-
» vez-le en tout ce qu'il voudra &
» changez aussi souvent que lui. Lors-
» qu'il verra qu'il ne pourra résister ;

» mais que vous voulez toujours ce
» qu'il veut, il s'étonnera, soufflera,
» renifflera & ne sçaura que faire,
» comme faisoit le cheval que j'ai guéri
» par cette médecine.

» Je dis que c'est ici le moyen de
» guérir un cheval qui est désespéré-
» ment rétif; autrement, le moyen
» ordinaire est de récompenser le che-
» val lorsqu'il fera bien, & de le châ-
» tier lorsqu'il fera mal. Mais vous
» devez être prodigue en vos récom-
» penses, & chiche en vos corrections,
» autrement vous gâterez votre che-
» val. Vous devez lui pardonner plu-
» sieurs fautes, comme provenantes
» d'ignorance; car comment saura un
» cheval qu'on ne l'ait enseigné ? En-
» seignez-le donc par fréquentes répé-
» titions. Lorsque vous l'aurez ensei-
» gné, & qu'il résiste par méchance-
» té, châtiez-le, mais rarement, &
» votre châtiment ne doit pas être con-

» tinué long-temps. Si le cheval obéit

» tant soit peu, arrêtez-le, & faites

» votre amitié par quelque récompen-

» se. Si le cheval se lève trop haut, ne

» manquez pas de lâcher extrêmement

» les rênes, &, en tombant, donnez-

» lui ferme des deux éperons, lorsqu'il

» est près de la terre, & le faites avan-

» cer. Voilà ce que j'avois à dire d'un

» cheval excessivement rétif, & des

» châtiments ordinaires ».

(Tout bien examiné, ces principes longuement déduits, que le Duc de Newcastle trouve aussi excellents qu'ingénieux, ne font rien moins que cela. J'ajoûte même, que cette pratique prouve qu'il ne sentait pas assez bien ses chevaux pour s'appercevoir de leurs desseins par la promptitude de leurs mouvements, par la manière variée de rassembler leurs forces, par l'ordre des pieds sur le sol, par l'à-plomb du corps, la position de l'encolure, de la

tête,

tête, par le mouvement des oreilles & le couaillement, &c. Indications dont tout homme de cheval tire avantage pour parer les défenses de l'animal, loin de le faire tourner, reculer, avancer jusqu'à l'étourdir ; ce qui expose le Cavalier. Cette leçon singulière n'a pas dû beaucoup instruire les Elèves qui l'ont étudiée. Mais voyons encore une des remarques de l'Auteur, pour juger de la différence qu'il y a de ses connaissances aux nôtres.

Remarque.

« Il est impossible de dresser aucun
» cheval avant qu'il obéisse au Cavalier,
» & que par son obéissance il le recon-
» naisse pour son maître ; c'est-à-dire,
» il faut qu'il le craigne, & que de
» cette crainte procède l'amour, & ainsi
» qu'il lui obéisse ; car c'est la crainte
» qui fait obéir toutes choses, les hom-

O

» mes auſſi bien que les bêtes. Il faut
» donc mettre peine à faire que le che-
» val craigne le Cavalier, parce qu'il
» obéira par amour de lui-meſme, de
» crainte du châtiment. L'amour n'eſt
» pas une priſe ſi aſſurée, d'autant
» qu'elle fait dépendre de la volonté
» du cheval ; au-lieu que, lorſqu'il craint
» le Cavalier, il dépend de ſa volonté,
» & cela eſt être un cheval dreſſé. Mais
» lorſque le Cavalier dépend de la vo-
» lonté du cheval, c'eſt l'homme qui
» eſt dreſſé. L'amour donc ne ſert à
» rien ? c'eſt la crainte qui fait le tout ;
» c'eſt pourquoi le Cavalier ſe doit faire
» craindre, qui eſt le fondement de
» dreſſer un cheval. La crainte fait ren-
» dre l'obéiſſance, & la coutume à
» obéir rend un cheval dreſſé. (Croyez-
» moi ; car c'eſt le conſeil d'un ami &
» de la vérité ». Ce raiſonnement n'eſt,
à mon avis, qu'un galimathias dicté par
l'enthouſiaſme, & rien de plus).

(Comme les principes que nous fuivons actuellement en France dans les
bonnes Ecoles de Cavalerie, font très-
éloignés de ceux des Anciens qui ont
écrit depuis le Duc de Newcaftle jufqu'à l'époque où M. de la Guerinière a
donné fon Traité de Cavalerie, que
nous regardons comme le premier des
modernes; & qu'il ne ferait d'aucune
utilité, pour étendre les bornes de notre favoir, que je rapportaffe les préceptes qu'ils ont donnés, qui reffemblent beaucoup à ce que j'ai déjà
tranfcrit, je m'en tiendrai à ajouter la
pofture de l'homme de cheval de Meffieurs Gafpar de Saunier, & de Garfault, dont les Ouvrages font les plus
connus).

L'Art de la Cavalerie ou la manière de devenir bon Ecuyer, par des règles aisées & propres à dresser les chevaux à tous les usages, par Monsieur Gaspar de Saunier, Ecuyer de l'Académie de l'Université de Leyde.

Posture du Cavalier à cheval.

« Lorsque le Cavalier sera bien placé
» à cheval, dans le fond de la selle,
» le plus près du pommeau qu'il sera
» possible, & qu'il aura par-devant un
» estomac bien ouvert, c'est-à-dire, les
» épaules en arrière, ce qui fera paraî-
» tre une espèce de creux au milieu des
» reins; il faut qu'il ait la tête droite
» au-dessus des épaules, regardant bien
» directement entre les deux oreilles
» du cheval. Cela se doit faire naturel-
» lement, sans contrainte & sans pa-

» raître gêné. Après avoir fait marcher
» quelques jours un Elève, on lui mon-
» trera à le mener bien quarrément, soit
» au pas ou au trot, parce que tout Ca-
» valier qui saura bien conduire son
» cheval dans les quatre coins du ma-
» nège, sera en état de faire toute autre
» chose ; car tout homme qui danse
» bien un menuet, peut facilement ap-
» prendre les autres danses ».

(Je suis assez content de la posture
du Cavalier à cheval, pour le temps où
l'Auteur a écrit ; mais je ne puis lui
passer ce qu'il recommande de faire observer à un Elève, en disant qu'après
avoir exercé quelques jours, on lui
montrera à mener son cheval bien quarrément dans les coins du manège soit
au pas ou au trot ; raisonnement pitoya-
ble, & principes opposés à ce qu'il convient de pratiquer, qui consiste à employer une année à donner de la fermeté à cheval aux commençants, en

trottant vigoureufement. Il paraît in-croyable que M. de Saunier, qui a été inftruit par Meffieurs de Bournonville & Dupleffis fe foit fervi d'un pareil moyen pour inftruire promptement fes Elèves).

Le nouveau & parfait Maréchal,
par M. Garfault.

Pofture de l'homme de cheval.

« Droit dans la felle, le chapeau
» droit, l'habit boutonné ou large, la
» vefte boutonnée, affis dans la felle,
» les épaules en arrière : foutenez les
» reins en les pliant un peu ; ne baiffez
» ni ne levez le nez ; les jambes à
» plomb près du cheval, & le talon un
» peu plus bas que la pointe du pied ;
» les bras le long des côtés, la main de
» la bride en fa fituation, ainfi que
» celle de la gaule ; les étriers à votre
» point, ni trop longs ni trop courts,

„ & au bout du pied. Aucune contrainte
„ apparente en tout cela. Puis tenez vos
„ jambes fermes , ne les brandillez
„ point, appuyez fur vos étriers, &c.
„ Ne donnez jamais de faccades ; au
„ contraire , ayez beaucoup de moël-
„ leux dans la main : ne menez jamais
„ votre cheval de biais , mais droit en-
„ tre vos jambes : ne reculez point de
„ travers, ne tirez pas perpétuellement
„ la bride : au-lieu d'appeller de la lan-
„ gue , ferrez les cuiffes ; il faut vous
„ prévenir que les regardants ne doi-
„ vent point voir vos aides. En pico-
„ tant, on brouille le cheval, &c. Deux
„ chofes de conféquence qu'il faut ob-
„ ferver tant que vous êtes à cheval ,
„ font de ne jamais couler & arrêter le
„ bouton des rênes fur la crinière , &
„ de ne point quitter la bride. Tenez-
„ vous toujours des cuiffes , & jamais
„ au pommeau de la felle : cela eft
„ honteux, &c ».

(On voit, par cet assemblage informe de préceptes, que les écrits de M. Garsault n'étaient pas plus avantageux qu'intelligibles).

Ecole de Cavalerie , contenant la connaissance , l'instruction & la conservation du cheval, par François-Robichon de la Guérinière, Ecuyer du Roi ; imprimée à Paris en 1744.

Dans son second Livre, Chap. II, Monsieur de la Guérinière fait une description des différentes natures des chevaux, de la cause de leur indocilité, & des vices qui en résultent. Il aurait dû, ce semble, dans le Chapitre suivant indiquer les moyens qu'il faut employer pour y remédier, puisqu'il n'en avait pas fait mention dans celui-ci. Point du tout, il n'y est question que des instruments dont on se sert pour dreſſer les chevaux, enſuite des termes de l'Art, &c. Monſieur de la Guérinière cite le jugement que portent Meſſieurs de la Broue & de Pluvinel ſur le caveſſon que nous avons ſupprimé en France, & il paraît encore être très-partiſan de cet uſage, par la vénération qu'il a pour la déciſion de ces deux Écuyers.

Il dit que « la hauteur de la main » règle ordinairement celle de la tête » du cheval, qu'elle doit être douce & » ferme, & qu'elle doit s'accorder » avec les jambes ». (Il ſe trompe un peu : c'eſt la force, la ſoupleſſe, le plus ou le moins de légèreté & la ſtructure de l'encolure, avec les à-propos dans la manière de rendre, qui décident de la hauteur de la tête. A l'égard de la main douce & ferme, qui doit s'accorder avec les jambes, c'eſt une grande vérité, qu'il aurait dû rendre ſenſible en ſe ſervant des degrés qui euſſent marqué la différence de ce qu'il nomme la main ferme ou la main douce, ainſi que l'inſtant où il fallait la ſoutenir pour l'accorder avec les jambes, qui doivent auſſi avoir des degrés relatifs au beſoin).

Le Chapitre des allures eſt bon, pour ce qui regarde l'ordre des jambes : mais l'Auteur omet une infinité de choſes ſur les différentes motions du cheval, qu'il était très-eſſentiel d'expliquer. « C'eſt le trot, dit-il, qui eſt la baſe de » toutes les leçons, pour parvenir à » rendre un cheval adroit, ſouple & » obéiſſant ». (J'en conviens, pourvu toutefois qu'on donne à l'animal une belle attitude, ſans quoi il ne s'aſſouplira pas davantage que celui d'un voyageur).

De l'arrêt.

« L'arrêt eſt l'effet que produit l'ac- » tion que l'on fait en retenant avec la

» main de la bride la tête du cheval &
» les autres parties de l'avant-main,
» & en chaſſant en même temps déli-
» catement les hanches avec les gras
» de jambes, en ſorte que tout le corps
» du cheval ſe ſoutienne dans l'équi-
» libre en demeurant ſur ſes jambes &
» ſur ſes pieds de derrière , &c ».
(L'Auteur ne donne pas une idée de
l'arrêt que les Elèves puiſſent ſentir :
il ne parle point de l'à-plomb du Cavalier, & preſcrit ce qu'il convient à-
peu-près de faire ſur un cheval dreſſé,
pendant qu'il fallait indiquer les moyens
dont on doit ſe ſervir avant ſur un cheval à dreſſer. Il n'en eſt pas de même
de l'action du reculer , que l'Auteur a
bien expliquée. Si dans tous ſes principes il était auſſi intelligible , on aurait
pu tirer un grand avantage de la lecture de ſon traité : j'obſerverai néanmoins qu'il aurait été plus digne d'éloges, s'il n'eût pas recommandé de tour-

ner les ongles en haut en ſoutenant la main, & de frapper avec la gaule ſur les genoux & ſur les boulets de l'animal pour le faire reculer, s'il s'obſtinait à ne pas le vouloir. Comme on ne doit commencer cette leçon qu'après avoir long-temps exercé, placé & mis d'à-plomb le cheval, le moindre mouvement que le Cavalier fera en ſoutenant la main, obligera d'abord l'animal de ſe raſſembler ; &, en augmentant un peu la preſſion du mords, de reculer avec juſteſſe & d'une action ſoutenue).

De l'épaule en-dedans.

« Les jambes du cheval ont quatre
» mouvements ; le premier eſt celui de
» l'épaule en avant, quand il marche
» devant lui ; le deuxième eſt celui de
» l'épaule en arrière, quand il recule ;
» le troiſième eſt celui qu'il fait en le-
» vant la jambe & l'épaule dans une
» place ſans avancer ni reculer, qui eſt

,, l'action du piafer; & le quatrième est
» le mouvement circulaire & croisé que
,, doivent faire l'épaule & la jambe du
» cheval, lorsqu'il tourne étroit, ou qu'il
» va de côté, &c ».

(L'Auteur parle de l'action du cheval
dans cette leçon & dans presque toutes les autres, sans expliquer comment
il faut que le Cavalier s'y prenne pour
le faire agir. Je ne vois pas qu'avec
une omission de cette importance pour
l'instruction d'un commençant , qui
cherche à s'aider de la théorie sur l'art
de monter & dresser les chevaux, il
pût lui être de quelqu'avantage d'étudier cette leçon. Il cite encore assez ,
mal-à-propos, ce qu'ont dit Messieurs
de la Broue & le Duc de Newcastle,
sur les parties qui s'assouplissent en
exerçant le cheval l'épaule en-dedans
sur les cercles, comme s'il eût craint
d'avancer une erreur ; néanmoins il se
décide à dire que les parties qui font le

plus grand mouvement, font celles qui s'affoupliffent le plus. Il fallait ajouter, & celles qui font le moins chargées de la maffe).

Du Galop.

M. de la Guérinière paffe à cette allure, fans indiquer les moyens qu'il faut employer pour inftruire le cheval à galoper ; il fe borne à dire, » qu'il faudra le galoper dans la pof- » ture de l'épaule en-dedans, non-feu- » lement pour le rendre plus libre & » plus obéiffant ; mais pour lui ôter la » mauvaife habitude qu'ont prefque » tous les chevaux , de galoper la » jambe de dedans de derrière ouver- » te , écartée & hors de la ligne de la » jambe de dedans de devant. Ce dé- » faut eft d'autant plus confidérable, » qu'il incommode fort un Cavalier & » le place mal à fon aife , comme il eft » facile de le remarquer dans la plu-

』 part de ceux qui galopent 》. (L'Auteur
aurait du dire, dans tous les chevaux
qui galopent). « Par exemple, fur le
』 pied droit, ajoûte-t-il, qui eft la ma-
』 nière de galoper des chevaux de
』 chaffe & de campagne, on verra
』 qu'ils ont prefque tous l'épaule gau-
』 che reculée, & qu'ils font penchés à
』 gauche ; la raifon en eft naturelle,
』 c'eft que le cheval, en galopant la
』 jambe droite de derrière ouverte &
』 écartée de la gauche, l'os de la han-
』 che, dans cette fituation, pouffe &
』 jette néceffairement le Cavalier en-
』 dehors & le place de travers. C'eft
』 donc pour remédier à ce défaut qu'il
』 faut galoper un cheval l'épaule en-
』 dedans, pour lui apprendre à appro-
』 cher la jambe de derrière de dedans
』 de celle de dehors, & lui faire baiffer
』 la hanche ; & lorfqu'il a été affoupli
』 & rompu dans cette pofture, il lui
』 eft aifé de galoper enfuite les han-

» ches unies & sur la ligne des épaules;
» en sorte que le derrière chasse le
» devant, ce qui est le vrai & beau
» galop ».

(Tout ce qui vient d'être rapporté
concernant le galop, est une longue erreur ; & l'usage continué un peu de
temps des moyens que l'Auteur indique, a dû faire défendre les chevaux
& en ruiner une grande partie, comme
je l'ai démontré dans ces essais au Chapitre des allures. Comment a-t-il pu se
résoudre à contraindre, je pourrais dire
à estrapasser les chevaux, en les faisant
galoper l'épaule en-dedans, pour s'opposer à la motion méchanique de l'animal au galop ? Si, appercevant l'effet,
l'Auteur eût remonté à la cause, il aurait simplement cherché, en réglant
l'allure & lui donnant la belle cadence
qui caractérise le beau galop, à tenir
le cheval plus droit & plus d'à-plomb.
A l'égard de ce qu'il recommande pour

parvenir promptement à sentir les chevaux au galop, en comptant dans l'allure du pas les foulées de chaque pied,
je pense que le moyen le plus infaillible & le plus prompt, consiste à trotter
beaucoup, en se mollissant pour prendre
le fond de la selle & ne plus l'abandonner).

Des chevaux de guerre.

« L'Art de la guerre & l'Art de la
» cavalerie se doivent réciproquement
» de grands avantages ; chaque air de
» manège conduit à une évolution de
» Cavalerie », dit l'Auteur ; & il veut
le prouver par les applications suivantes. « Le passage, par exemple, rend
» noble & relevée l'action d'un cheval
» qui est à la tête d'une troupe : en
» apprenant un cheval à aller de côté,
» on lui apprend à se ranger sur l'un
» & l'autre talon, soit dans le milieu
» ou à la tête de l'escadron, quand il

» en faut ferrer les rangs (il veut di-
» re, ferrer les files) & dans quelque
» occafion que ce foit.

» Par le moyen des voltes, on gagne
» la croupe de fon ennemi & on l'en-
» toure diligemment.

» Les paffades fervent à aller à fa
» rencontre & à revenir promptement
» fur lui.

» Les pirouettes & les demi-pirouet-
» tes donnent la facilité de fe retour-
» ner avec plus de viteffe dans un
» combat.

» Et fi les airs relevés n'ont pas un
» avantage de cette nature, ils ont du
» moins celui de donner à un cheval la
» légèreté dont il a befoin pour franchir
» les haies & les foffés ; ce qui contri-
» bue à la fûreté & à la confervation
» de celui qui le monte. Il faut corri-
» ger, continue l'Auteur, les chevaux
» qui ont la mauvaife habitude de
» mordre & de fe jetter fur les autres

» chevaux, parce que dans un combat
» où ils font animés, on ne peut leur
» ôter ce défaut ». (En parlant ainfi,
Monfieur de la Guérinière montre évi-
demment qu'il avait une idée bien
fauffe des motions de la Cavalerie ; car
il n'eft pas queftion de paffager & faire
l'aimable, en fatiguant fon cheval à la
tête d'une troupe, fur-tout en campagne, où les chevaux font fouvent dans
la boue jufqu'au ventre. Il faut fimplement qu'un Officier ait là une con-
tenance affurée, & conferve bien fon
fang-froid dans les plus grands périls,
commande fa troupe avec précifion, en
lui faifant obferver le plus grand filence. Il n'eft point queftion non plus de
faire ufage des voltes pour gagner la
croupe de fon ennemi & le combattre
par derrière. Ce procédé ne convient
point à un Français ; d'ailleurs la charge
fe fait toujours par plufieurs efcadrons,
foit à demi-intervalle, tant plein que

vuide, ou en muraille ; & cela en courant à toutes jambes fur un fol fouvent mal uni, pour culbuter la première & enfuite la feconde ligne de l'ennemi, avec le moins de défordre poffible, obfervant que les files foient jointes & les rangs ferrés, principe qui rend les voltes abfolument inutiles. Tout ce que Monfieur de la Guérinière a écrit fur la manière d'inftruire les chevaux de guerre, n'eft pas plus conféquent que ce qu'on vient de lire ; mais il n'y a rien d'étonnant à cela. Quelqu'un qui a paffé fa vie comme lui dans un manège, & qui ne connaît la guerre que par des récits plus ou moins exacts, ne peut que très-difficilement employer fes lumières à prefcrire ce qu'il conviendrait de faire, lorfqu'on charge l'ennemi (1). Je ne ferai pas auffi in

---

(1) En parlant des avantages qu'une Troupe de Cavalerie peut tirer de la manière de dreffer &

dulgent fur ce qui concerne l'Equitation ; je me plaindrai , avec beaucoup
de raifon , que l'Auteur fe foit con-

---

affouplir les chevaux , Mr. de la Guérinière ré-
veille les faibles notions que j'ai fur cette partie ;
& il ne fera pas dit que j'aie manqué d'expofer ici
quelque chofe de mon fentiment à ce fujet, ainfi
que je l'ai déjà fait dans mes autres Notes, lorfque l'occafion s'en eft préfentée.

Quoi qu'on en dife, il ferait à fouhaiter que
tous les Officiers, Cavaliers, Dragons & Huffards euffent une bonne affiette, & que l'exercice,
bien entendu, leur eût donné l'acquis néceffaire
pour placer, affouplir, mettre droit & d'à-plomb
leurs chevaux. Avec cet avantage, la connaiffance
des manœuvres, & l'attention, il ferait facile de
faire toutes les évolutions poffibles avec autant de
précifion que de célérité. On verrait fendre l'air
aux efcadrons, ils feraient des quarts ou des demi-
converfions très-légèrement fans s'ouvrir ni fe-
ferrer. Un Corps de Cavalerie fe porterait en colonne & fur un front quelconque très-prompte-
ment d'un lieu à un autre, fans défordre, & en
confervant affez bien les diftances pour qu'aucune

tenté d'expliquer ce que c'était que tel ou tel air, fans indiquer les moyens qu'il fallait employer pour inftruire les

---

des parties de ce tout en mouvement commun ne fût retardée. La charge fe ferait avec une rapidité incroyable ; cette maffe énorme, compofée de quantité d'efcadrons élancés d'un mouvement uniforme, quoique réfultant de tous les refforts particuliers des folides qui la compofent, étonnerait, renverferait & foulerait aux pieds l'ennemi qui oferait s'expofer à fon terrible choc. Le bon Cavalier, comme je l'ai dit ailleurs, ayant une grande tenue, non-feulement ne nuira point à l'équilibre que le cheval cherche à chaque pas ; mais il pourra concourir à le maintenir : conféquemment l'animal fera plus célère, parce qu'il emploiera toute fa force à élancer fa maffe ; il ira plus droit ; la rapidité de fa courfe, en allant de front avec d'autres, ne fera point retardée par les petits chocs récidivés qu'il pourrait recevoir latéralement en ondulant de droite & de gauche, dont l'effet eft plus ou moins confidérable, felon que le hafard lui fait rencontrer ceux qui l'avoifinent ; il fuivra bien exactement l'arc du cercle dans

chevaux à ces airs ; d'avoir fait l'énumération des différentes natures des
chevaux , d'avoir expliqué d'où procé-

------

le quart ou la demi-converſion, c'eſt-à-dire, tous
les points d'un cercle qui ſont également éloignés
du centre , ce qui n'arrive jamais quand on conduit mal ſon cheval; car les files qui compoſent
l'aîle qui marche, s'ouvrent & font ſouvent le dou-
ble.de chemin en pure perte. Il ne battra pas à la
main , il s'arrêtera ou partira à la volonté de celui
qui le dirige. Celui , au contraire , qui ſera embar-
raſſé du Cavalier incommode qu'il eſt obligé de
porter , ſe roidira, ſera peſant , mal-adroit, battra
à la main, ſe traverſera , pourra tomber & luttera
enfin continuellement contre les mouvements ir-
réguliers de la maſſe qu'il porte, ſoit pour con-
ſerver l'équilibre & ſurmonter les obſtacles occaſionnés par cette maſſe, qui s'éloigne de lui à
chaque temps de trot ou de galop, ſoit pour éviter les ſaccades d'une main dépendante d'un corps
mal aſſuré à cheval. Comment un tel Cavalier
pourrait-il ne pas nuire conſidérablement dans
toutes les évolutions, & ſur-tout dans la marche
d'une colonne, s'il ne peut pas ralentir l'allure

dent leur indocilité & leurs vices , fans
avoir indiqué ce qu'il fallait mettre en
ufage pour les corriger & les foumettre

---

au befoin, ou l'augmenter graduellement, pour ne
point altérer cette colonne? & comment pourra-
t-il fe rendre au ralliement , après une charge faite
avec un peu de défordre, s'il n'eft pas maître de
fon cheval? Par ce que je viens de dire , il fera
facile de fentir l'avantage qu'il y aurait d'avoir des
Officiers, Cavaliers, Dragons & Huffards, en
état de conduire & foumettre les chevaux, qui ,
fans cela, font les premiers ennemis à combattre : mais c'eft la chofe impoffible , & on pourrait
ufer tous les chevaux du monde pour affouplir &
faire que tous les fujets qui compofent une troupe
fuffent autant d'Ecuyers, comme le difent les perfonnes qui déclament contre l'Equitation; parce
que tous les corps ne font pas propres à le devenir. Il faut donc s'en tenir à faire trotter les Cavaliers à la longe, & dans le droit, pour leur donner le fond de la felle en les faifant bien affeoir ,
en les plaçant d'à-plomb, fans contrainte & bien
quarrément devant eux. Beaucoup de perfonnes
ne manqueront pas de s'élever contre ma déci-

à

à la volonté du Cavalier : omiffion qui
eft impardonnable , à moins qu'il n'eût

---

fion, les uns en faveur des ignorants, les autres
en faveur de ceux qu'on appelle *les Ecuyers*,
comme je l'ai éprouvé cent fois ; mais à caufe de
l'expérience que j'ai de l'abus que l'on fait des
mots, le nombre d'idées différentes que plufieurs
perfonnes attachent à une même expreffion , en
donnant mon avis, je refte tranquille fur la manière dont on le prendra. D'ailleurs, comme il
eft affez généralement reconnu qu'on n'approche
de la vérité que relativement au plus ou moins de
connaiffances dont chacun eft pourvu , il eft tout
fimple que l'un trouve mauvais ce que l'autre ap-
prouve , & que ceux qui ont de bonnes raifons
à donner pour étayer leurs opinions aillent en
avant, fans craindre ni les idées contraires, ni la
cabale. Un Ecuyer, pris dans l'étendue que cette
dénomination me préfente, eft un homme fage,
patient qui, fentant fon cheval, apprécie bien
exactement fes forces, pour ne pas en méfufer
par un trop grand exercice, en cherchant à l'affouplir; qui le rend adroit & célère ; qui ne l'incommode point par des aides-accoups, quoique l'ani-

P

point intention d'inftruire les Elèves
des Eléments de Cavalerie.

---

mal foit très-fenfible; qui le dompte, le foumet,
le corrige des défauts provenants de la mauvaife
volonté qu'il pourrait avoir, le raffemble quand
il le faut ou l'étend; enfin qui le rend agréable.
Ecuyer, fuivant quelques perfonnes, n'annonce
qu'une efpèce d'enthoufiafte qui paffe fa vie à
ruiner & à défefpérer les chevaux , ce qui eft bien
différent; mais la paffion, l'intérêt ou l'ignorance
ayant de tout temps joué & divifé les hommes ,
il eft tout fimple, comme je viens de le dire ,
que la plupart du temps on ne fe foit pas entendu.
Cela ne m'empêchera pas d'affurer qu'il ferait
bien que tous les chevaux de la Cavalerie fuffent
placés & affouplis, que les Cavaliers fuffent fermes & adroits à les conduire fans les tracaffer; &,
qu'étant impoffible de mettre une troupe à même
d'exécuter ce que je viens d'expliquer, il feroit
très-à-propos de faire un choix d'un nombre de
fujets, qui, par d'heureufes di fpofitions, jointes à
l'intelligence & à la bonne volonté, fuffent exercés en conféquence pour affouplir, placer, tenir
droit & d'à-plomb les jeunes chevaux, & les préparer à efcadronner.

Après ce que je viens de dire contre Monsieur de la Guérinière, je ne dois point passer sous silence les éloges qu'il mérite sur la pureté de son style, en comparaison de celui des Auteurs qui ont écrit avant lui sur l'Equitation, & sur la vérité des principes de l'assiette à cheval, que je ne rapporte point ici, parce qu'ils sont conformes aux miens, excepté dans la position de la main & ses mouvements.

Le nouveau Newcastle, ou nouveau Traité de Cavalerie, imprimé en 1747.

De la main & de ses effets.

« Le talent de bien exécuter dépend
» principalement de la bonté & de la
» délicatesse de la main, qui vient des
» houppes nerveuses qui forment en
» nous le sens du toucher, qui est plus

» ou moins délicat chez les hommes.
» On ne peut conséquemment définir
» le point de la main qui doit répon-
» dre à celui de la bouche du cheval.
» Supposons un homme que la nature
» a doué de ce tact subtil qui contribue
» à la bonté de la main ; voyons quel-
» les font les règles qui peuvent la per-
» fectionner & la diriger dans les opé-
» rations qu'elle doit faire. Le cheval
» va en avant, il va en arrière, il
» tourne à droite, il tourne à gauche.
» Ces quatre mouvements s'exécutent
» au moyen de quatre mouvements de
» la main ; partant de la première po-
» fition le poignet arrondi, tournez
» les ongles en-deffous pour faire aller
» le cheval en avant ; pour le reculer,
» arrondiffez totalement votre poignet ;
» pour le tourner à droite, portez vos
» ongles à droite renverfant le poignet ;
» voulez-vous tourner à gauche ? por-
» tez le dos de la main à gauche, de

» façon que vos ongles viennent un
» peu en-dessous ; la main doit avoir
» trois qualités dans tous ses mouve-
» ments ; elle doit être ferme, douce
» & légère. On doit entendre par main
» ferme, celle qui caractérise le bon
» appui ; la main douce, celle qui mi-
» tige ce point d'appui, & la main le-
» gère est l'appui modifié par la main
» douce. Les qualités de la main dépen-
» dent donc en partie de la manière de
» sentir plus ou moins, de rendre &
» retenir ».

(Je ne vois pas qu'un Elève puisse
tirer grand avantage de ce raisonnement & des principes qu'il renferme.
Au-lieu de parler de la délicatesse des
houpes nerveuses, & d'expliquer les
contorsions du poignet pour faire *une
espèce de croix*, comme le dit l'Auteur
dans ce Chapitre ; il me semble qu'il
convenait mieux, de faire connaî-

tre les degrés des temps de la main,
par les différents effets qu'ils produifent fur le cheval qu'on veut inftruire,
& l'à-propos dans la manière de rendre
ou de retenir. Moyens uniques, d'où
dépendent la juftefle du travail & l'o-
béiffance de l'animal).

« L'appui continué dans le même
» degré de force, dit encore l'Auteur,
» échauffe la partie, émouffe le fens
» du toucher, endort la barre & la rend
» infenfible. De-là la néceffité de ren-
» dre & de retenir ». (C'eft une erreur,
l'appui continué devient de plus en plus
infupportable; ce que le cheval fait bien
connaître en battant à la main, ou en
pouffant deffus pour vaincre la réfiftance qui occafionne la douleur : de-là,
la néceffité de rendre & retenir, & non
de la prétendue infenfibilité de l'animal). « *La rêne droite détermine le che-*
» *val à gauche, la rêne gauche détermine*

» *le cheval à droite.* (Ceci est encore démenti par l'expérience ; car la première fois que vous exercerez un cheval en bride, après qu'il l'aura été en bridon, vous verrez que, soutenant la main à droite, il tournera à gauche, parce que la rêne gauche fait plus d'effet dans ce moment. Il faudra donc s'aider en appuyant sur la rêne droite, ou en l'éloignant du cou de l'animal pour tirer la tête à droite. Je conviens que peu-à-peu il obéira à la main gauche, sans se servir de cette aide ; mais c'est plus à l'habitude qu'il contractera, qu'à la pression occasionnée par la rêne gauche. Pour se convaincre de ce que j'avance, on n'a qu'à arrêter la rêne gauche à l'œil du banquet, ce qui en rendra l'effet nul : on verra qu'il tournera à droite dès qu'on soutiendra la main gauche de ce côté).

Des défenses des chevaux & des moyens d'y remédier.

« Les défenses des chevaux naissent
» plutôt de l'impéritie du Cavalier,
» que des défauts naturels du cheval
» même. Un cheval se défend ; ne sait-
» il pas : enseignez-lui. Ne peut-il pas :
» tâchez, par les moyens de l'Art, de
» réformer la nature. Ne veut-il pas
» sachant & pouvant : après avoir
» épuisé les voies de la douceur & de
» la patience, contraignez-le par celles
» de la rigueur ». (Quelles ressources
un Elève pourra-t-il trouver dans cet
avis, pour les employer à dresser &
soumettre son cheval ? Ne semble-t-il
pas que l'Auteur, à l'imitation de ceux
qui ont écrit avant lui sur l'Art de dresser les chevaux, ait craint d'expliquer
ses moyens) ?

« Pour habituer un cheval au bruit
» de l'eau, attachez-le à deux piliers

» près d'un moulin. S'il veut se cou-
» cher dans l'eau , ayez deux balles de
» plomb percées & attachées à une
» ficelle , que vous lui glisserez dans
» les oreilles quand il voudra se cou-
» cher ». (Comme l'on peut manquer son
coup , il vaudra tout autant lui planter
les deux mollettes dans le ventre : il se
corrigera pour le moins aussi-tôt qu'a-
vec les balles). « Il n'est point de che-
» val qui ne se porte plus facilement
» à tourner à une main qu'à l'autre ;
» c'est du côté où il est plus faible ,
» parce que le plus fort fait plus aisé-
» ment l'action du tour ». (L'Auteur
se trompe , s'il croit que les jambes de
dehors pour un cheval qui tourne , sont
plus fatiguées que celles de dedans :
elles embrassent à la vérité un peu plus
de terrein ; mais les jambes de dedans
portent presque toute la masse qui s'incline sur le centre. C'est par habitude
que le cheval tourne plus facilement à

une main qu'à l'autre, souvent à raison
de la souplesse qu'il y aura plus ou
moins dans l'encolure; j'ajouterai même, de l'à-plomb plus ou moins exact
du corps sur les jambes. Qu'on y fasse
attention, & on s'appercevra qu'il y a
beaucoup de chevaux penchés à gauche : aussi tournent-ils plus facilement
de ce côté que du droit, où ils sont
plus roides & communément moins
penchés). « Les chevaux peuvent être
» entiers par quelque défaut de vue :
» j'ai éprouvé, dit l'Auteur, pour les
» corriger de ce vice, de mettre une
» lunette sur l'œil malade ; & cela m'a
» réussi ». (Il fallait les faire trotter à
la longe, en donnant la leçon dans les
bons principes, l'effet en aurait été
plus satisfaisant que celui de la lunette,
parce que les chevaux se feraient habitués à voir les différents objets, & à
ne point craindre ceux qui ne leur fai-
saient point de mal).

« La défenfe d'un cheval dont la
» bouche eft mauvaife, s'exerce plutôt
» en avant qu'en arrière ». (Cela eft
très-pofitif, parce que, ne craignant
point la réfiftance d'une main igno-
rante qui prend mal fes temps d'arrêt,
l'animal la force & fuit tant qu'il veut
en avant ; ce qu'il ne faurait faire en
arrière). « Il ne faudra point le battre ;
» mais lui donner un bon appui & le
» mettre fur les hanches ». (Si l'on
s'avife de le battre quand il aura forcé
la main, il s'emportera à toutes jambes, fe jettera dans un marais, dans
un fleuve ou dans un précipice, s'il
s'en trouve un devant lui. Pourquoi
l'Auteur, en recommandant de lui
donner de l'appui & de le mettre fur
les hanches, n'indique-t-il pas les
moyens convenables pour y parvenir ?
Il ne devait pas ignorer qu'il y a beaucoup de difficultés, & que tant de
gens qui voudraient fuivre fon avis,

n'étant pas en état de le faire, ruine-
raient une infinité de chevaux fans en
venir à leurs fins).

« Le cheval rétif eft celui qui ne
» veut point aller en avant, qui fe dé-
» fend à une place. La longueur du
» temps peut avoir enraciné ce défaut
» autant que fi c'était un défaut natu-
» rel ». (Si l'Auteur entend par défaut
naturel, celui que l'animal apporterait
en naiffant, je ne l'admets point. Je
crois que la manière de nous y prendre
plus ou moins mal-adroitement pour
réduire & employer les animaux à notre ufage, peut occafionner des défauts : je n'en reconnais que de ce
genre).

« Après avoir effayé de chaffer le
» cheval en avant avec la gaule, on
» peut le corriger s'il n'obéiffait pas,
» en le faifant beaucoup reculer dans
» le moment même de fes défenfes ».
(C'eft un mauvais moyen, & il peut

d'ailleurs refufer de reculer , comme il refufe de fe porter en avant. C'eft fuivre la manière du Duc de Newcaftle , qui faifait tourner le cheval plufieurs tours de fuite du côté où il défirait tourner. En voici un fûr & très-fimple. Mettez-le cheval rétif au caveffon , fervez-vous difcrettement de la chambrière ; com-mencez d'abord par les careffes & vous réuffirez à merveille).

« Lorfque le cheval fe lève droit » pour former fa pointe , mettez le » corps en avant & rendez la main » pour le corriger , appuyez vivement » les talons dans les temps que fes pieds » de devant feront près de terre ». (Cela eft très-bon : mais il faut bien prendre le temps & empêcher que le cheval ne raffemble fes forces, ayant les pieds de devant à terre ; car fans cela l'épreuve eft très-dangereufe. Il y a des chevaux qui , après avoir été pincé des deux , fautent en avant, fe raffemblent en l'air

& font une pointe très-dangéreufe dès
qu'ils ont touché le fol, lors même
qu'on les pincerait encore dans cet inftant, parce que c'eft un moyen de défenfe qui eft prémédité de la part de
l'animal).

Du Trot.

Le Chapitre du trot eft affez bien
traité. Je voudrais pouvoir le rapporter
ici en entier; mais c'eft ce qu'une analyfe ne permet pas de faire.

Dans quelques-uns des Chapitres
fuivants, l'Auteur donne des explications pour inftruire & conduire les chevaux : mais elles ne feront pas beaucoup fenties par les Elèves. Il ne ferait
donc pas fort utile d'en faire l'analyfe.

Paffons, pour abréger, à l'affiète
de l'homme de cheval, felon les principes de l'Auteur.

« Que le Cavalier fe mette d'abord
» fur la fourchure, occupant directe-

» ment le milieu du ſiège de la ſelle ;
» qu'il étaye, par un appui médiocre
» ſur les feſſes , cette poſition dans la-
» quelle la fourchure ſeule paraît ſou-
» tenir tout le poids du corps ; que ſes
» cuiſſes ſoient tournées ſur leur plat ;
» que, pour cet effet, le tour des cuiſſes
» parte de la hanche. (D'où pourrait
» donc partir ce tour, puiſque les cuiſ-
» ſes n'ont point d'autre articulation).
» Que le poids ſeul de ſon corps &
» de ſes cuiſſes, ſoit l'unique degré de
» force qu'il employe pour ſa tenue.
» Voilà la ſtabilité de l'édifice entier.
» Stabilité dont on ne trouve point la
» réalité dans les commencements ,
» mais que l'on acquiert inſenſiblement
» par l'exercice & par la pratique.
» Je ne demande qu'un médiocre ap-
» pui ſur les feſſes, parce qu'un Cavalier
» aſſis ne ſaurait avoir les cuiſſes tour-
» nées ſur leur plat ; parce que, le gros
» de la cuiſſe étant inſenſible, le Ca-

» valier ne pourrait sentir les mouve-
» ments de son cheval. J'exige que le
» tout de la cuisse parte de la hanche,
» parce que ce tour ne peut être natu-
» rel, qu'autant qu'il procede de l'em-
» boëtement de l'os. Je soutiens enfin
» que l'homme de cheval ne doit point
» mettre de force dans ses cuisses,
» parce qu'outre qu'elles en seraient
» moins assurées, plus il les serrerait,
» plus il s'éleverait au-dessus du siége
» de la selle, & que la fourchure & les
» fesses ne doivent jamais en abandon-
» ner ni le milieu ni le fond. Les bras
» doivent être pliés au coude, & les
» coudes doivent reposer également sur
» les hanches ; car si les coudes n'a-
» vaient point d'appui, ils varieraient
» sans cesse ; la main gauche doit être
» à la hauteur du coude, de façon que
» l'os du petit doigt, & le petit os du
» coude soit sur une ligne droite ; cette
» main, ni trop ni trop peu arrondie,

» mais contournée de manière que le
» poignet feul en dirige l'action. **La**
» main de la gaule , placée plus bas &
» plus avancée que l'autre ; les jambes
» fur la ligne du corps du Cavalier ; la
» pointe des pieds fera un peu plus bas
» que les talons ».

(Cette pofture , & celle qu'avait donné auparavant le Duc de Newcaftle, ont été une fource d'erreurs, & ont confidérablement nui aux perfonnes qui en ont fuivi les principes rejettés, avec raifon, dans les bonnes Ecoles. Les connaiffances anatomiques & autres , que l'Auteur a acquifes depuis qu'il a donné fon nouveau Newcaftle , lui ayant fait appercevoir les accidents qui réfultent de cette pofition par la compreffion du périnée, du canal de l'uretre à l'endroit de fa courbure, de la glande proftate , quoiqu'à fon commencement, des mufcles triceps de la cuiffe

qui doivent être confidérablement fatigués, &c. en outre, l'impoſſibilité
de prendre de l'à-plomb & de l'aſſiette
avec cette fauſſe poſition, que mal-à-
propos beaucoup de perſonnes prennent
encore : tout cela aurait dû l'engager à rectifier ſes préceptes, que vrai-
ſemblablement il déſavoue à préſent ;
car ce n'eſt pas aſſez qu'il ait dit dans
le Dictionnaire Encyclopédique, à l'ar-
ticle du Galop, concernant les allures :
« le Duc de Newcaſtle l'a penſé ; j'a-
» voue qu'une déférence trop aveugle
» pour ſes ſentiments, m'a induit en
» erreur dans un temps, où, par un
» défaut de philoſophie, de réflexion
» & de lumière, je jugeai indiſcrette-
» ment, & ſans examen, du mérite
» d'une opinion ſur la foi du nom &
» de la réputation de ſon Auteur » : il
faudrait encore qu'il dît de même en
parlant de la poſture, pour réparer, ou

tout au moins arrêter les effets qu'une prévention déraisonnable peut produire au détriment de l'art de la cavalerie).

Le parfait Écuyer ; ou l'Utile à tout le monde ; par....

Si c'est être utile à tout le monde que de faire la description d'une infinité de harnois, l'Auteur a bien rempli ses vues ; mais comme elle est superflue pour beaucoup de personnes, & que c'est plus en simplifiant, qu'en multipliant les êtres qu'on peut se rendre utile, je dis que c'est abuser du titre, que de passer son temps à rassembler & faire graver, pour modèle, une prodigieuse quantité de harnois anciens & modernes. A l'égard de l'Equitation, comme l'Auteur ne dit que très-peu de choses, il serait inutile d'analyser ce qui ne peut être regardé que comme ana-

lyse, malgré le titre peu modeste de
parfait Ecuyer, & d'Utile à tout le
monde.

L'Art du Manége, pris dans ses vrais principes ; par M. de.....

De la belle assiette à cheval.

« L'homme qui est à cheval doit s'as-
» seoir juste dans le milieu de la selle,
» la ceinture en avant, les reins fer-
» mes & un peu pliés. La tête du Ca-
» valier doit être droite & libre, en
» regardant entre les oreilles du cheval.
» Les épaules doivent être basses, li-
» bres, un peu renversées en arrière,
» les bras pliés aux coudes, joints au
» corps sans aucune contrainte, & tom-
» bant naturellement sur les hanches.
» La vraie position des jambes est d'être
» placées sur la ligne du corps du Ca-
» valier, & suivant la ligne droite du

» génou au talon ; le plat des cuiſſes
» doit être tourné contre le quartier de
» la ſelle, en ſorte que les jambes ſoient
» près du cheval ſans le toucher : il
» faut que le talon ſoit un peu plus bas
» que la pointe du pied, & que les
» jarrets ſoient bien tendus.

» Les mains doivent être placées di-
» rectement l'une vis-à-vis de l'autre,
» deux doigts au-deſſus du pommeau
» de la ſelle, & un peu détachées du
» ventre, avec les poings tant ſoit peu
» arrondis ». (Excepté les bras que
l'Auteur recommande de joindre au
corps ; les jarrets qu'il veut bien tendus ; les mains vis-à-vis l'une de l'autre & les poings tant ſoit peu arrondis,
la deſcription qu'il fait de la poſture eſt
bonne).

Du Trot & du Pas.

" Je commence par un cheval qui a
» l'âge convenable pour être monté, &

» les qualités requifes pour le manège.
» Je lui fuppofe affez d'intelligence
» pour qu'il n'y ait avec lui d'autres
» précautions à prendre, que d'éviter
» qu'il ne confonde les leçons qu'il doit
» recevoir.

» Je lui donne pour première em-
» bouchure un bridon avec un caveffon
» plus ou moins mordant, felon que la
» fenfibilité de fon nez m'en fait con-
» naître la néceffité ». (C'eft bien mal-
à-propos que l'Auteur fe fert ici du
caveffon ; car le bridon retient le cheval autant qu'il eft néceffaire, facilite
beaucoup à plier l'encolure & à foutenir la tête : enfin c'eft l'inftrument le
plus convenable pour affouplir, foumettre & dreffer les chevaux fans les
fatiguer, ni leur gâter la bouche. Pourquoi donc introduire encore l'ufage du
caveffon, qu'avec raifon on avait fup-
primé)?

« Je ne dirai pas la même chofe de

» l'ufage de la martingale & de la plate-
» longe. C'eft une invention de caprice
» inutile : cela n'empêche pas le cheval
» de fecouer la tête. Il n'y a que la
» main bonne qui l'affermit ; toutes les
» défenfes qu'il fait de la tête ne pro-
» viennent que d'une main mauvaife ».
(C'eft une vérité inconteftable).

« Après avoir ajufté mon cheval de
» la façon que je viens de dire, je le
» monte dans le manége fur un terrein
» égal, je lui fais décrire un quarré par-
» tagé réguliérement par fa pifte, un
» palfrenier le chaffe avec la cham-
» brière quand il veut s'arrêter. Mon
» foin principal eft de placer la tête du
» cheval, en n'y employant que beau-
» coup de douceur & de patience, &
» de lui faire connaître fa pifte ; je ne
» veux pas qu'il courre : pourvu qu'il
» refte fur la ligne de fon quarré, qu'il
» porte la tête & l'encolure dans une
» bonne pofition, je n'exige pas d'au-

» tre foupleffe ; j'ufe de récompenfè
» quand il obéit, & je le renvoie à
» l'écurie ». (C'eft moins en racontant
ce que l'on fait, qu'en expliquant les
moyens qu'il convient d'employer pour
faire exécuter telle ou telle chofe à un
cheval, qu'on peut inftruire un Lecteur avide d'acquérir).

« Lorfque mon cheval commence de
» porter la tête bien placée, & de la
» donner du côté où je la tire par les
» rênes du caveffon & du bridon ; lorf-
» qu'il fuit avec juftefe les traces de fa
» pifte fur le quarré ou fur le cercle, je
» continue de le monter dans le ma-
» nège, & de le mener dans les coins
» autant qu'il m'eft poffible ». (Ce n'eft
pas ce que vous faites, dirai-je toujours à l'Auteur, que je defirerais feulement favoir ; c'eft la manière dont
vous vous y prenez qu'il eft néceffaire
que je connaiffe pour vous imiter). « Je
» l'anime pour le mettre au petit trot,
» à

» à mefure qu'il incline à avancer, en
» l'animant de la langue & par le fiffle-
» ment de la gaule : en l'obligeant à
» tenir la tête & le cou bien placé, il fe
» trouve dans la néceffité de lever &
» plier les bras, de fuivre régulière-
» ment de l'arrière main, de plier tant
» foit peu les hanches, de fe délier le
» devant & le derrière, & de prendre
» la bonne pofition de fon corps ».
(Cela peut arriver : mais, encore une
fois, quel avantage pourra tirer de
cette théorie un Elève qui veut s'inftruire). « Il me faut peu de temps avec
» cette méthode pour affouplir mon
» cheval au trot, pour lui donner le
» mouvement délié, déterminé & éten-
» du, & pour l'habituer à diftribuer fes
» pas avec égalité fur le terrein, & à
» marquer les temps dans la mefure la
» plus exacte. C'eft certainement beau-
» coup obtenir pour le peu de temps
» que j'y emploie. Cependant je ne

Q

» m'y suis jamais trompé ». (L'Auteur,
avant que de se faire comprendre, loue
sa méthode. Plein de son sujet, il croit
que, sur ce qu'il a dit, on pénètre tout
ce qu'il pense, tout ce qu'il n'a point
expliqué).

  « J'observe scrupuleusement de ne
» pas mener le cheval par une autre
» rêne que par celle du côté où il doit
» aller, & cela dans tous les airs du
» manège sans exception.

  » Pour mettre mon cheval à la per-
» fection de son trot, je lui donne des
» reprises médiocres & réitérées. Je
» lui continue la justesse & la fermeté
» de la tête, en le chassant vigoureuse-
» ment, & en même temps en le rete-
» nant sur la mesure & la cadence.
» Je lui fais faire des changements
» d'une main à l'autre, je l'arrête &
» je le tire deux ou trois pas en ar-
» rière, &c.

  » Quand j'ai achevé ma leçon au

» trot, & après avoir fait reculer le
» cheval un ou deux pas, je le mène
» au mur sur la ligne droite, pour lui
» donner de l'haleine ». (L'Auteur
s'obstine toujours à ne pas donner
d'explications dans ce qu'il vient de
dire & dans ce qui suit. Il est même
obscur quelquefois au point d'être in-
compréhensible ,). « La perfection de
» mon trot se manifestant par les
» qualités qui caractérisent l'accom-
» plissement du trot, je commence
» d'emboucher mon cheval avec un
» mords , &c ». (Il fait la description du mords & des effets qu'il produit: cela vient bien à propos) !

« Je reviens à la continuation du
» pas raccourci que je fais exercer à
» mon cheval. Je l'affermis dans ce
» qu'on appelle entrer dans les coins ,
» prendre le bon appui sur son mords ,
» & obéir aux rênes de la bride. Je lui
» donne ensuite des changements au

» travers du manége, d'un mur à l'au-
» tre, en le menant par la rêne de de-
» dans qui lui plie le cou & la tête ;
» & en appuyant les genoux du dedans ;
» ce qui le fait avancer & lui plie l'é-
» paule ». (Voilà la première fois que
je vois qu'on doit plier avec les genoux, & que j'apprends qu'on peut plier
la tête). « Je retiens la rêne de dehors
» pour lui contraindre la croupe, &
» pour le faire aller de côté ; & voilà
» mon cheval qui exécute pour la pre-
» mière fois la leçon qu'on appelle *fuir*
» *le talon*, fans que je l'aie touché
» d'aucun mouvement de la jambe.

» Telle est ma méthode. L'exposé
» fincère que je viens d'en faire fuffit
» pour perfuader fa bonté à tout hom-
» me qui a quelque connaissance de
» l'Art. Je la garantis infaillible à l'é-
» gard de toutes efpèces de chevaux ».
(De la manière dont l'Auteur s'y est
pris pour faire connaître la méthode

dont il parle, on peut la regarder comme la botte ſecrette, dont les Maîtres d'armes parlent ſans ceſſe, ſans la
démontrer néanmoins, malgré l'obſcu-
rité qui règne dans ſon Ouvrage, un
connaiſſeur ſentira, en le liſant, qu'il
renferme des vérités qui ſuppoſent des
lumières ſur l'art de ſoumettre, aſſouplir & dreſſer les chevaux ; mais qui
ne peuvent point être apperçues par
les Eleves : ce qui fait que je n'étends
pas plus loin mon Analyſe ſur ce qu'il
a écrit).

Pratique de l'Equitation, ou l'Art de l'Equitation réduit en princi- pes ; par M....

De la poſition.

« Plus une maſſe quelconque a de
» points d'appui, plus elle eſt ſolide-
» ment établie ; deux points d'appui ne

« font point fuffifans, s'ils n'ont pas
» une largeur confidérable ; il faut de
» toute néceffité en ajouter un troifiè-
» me. Le tronc du corps humain peut
» être placé feulement fur les deux
» tubérofités de l'ifchion ; ou fur les
» deux os, & fur le coccix, qui fera le
» troifième point d'appui ». (Il eft phyfiquement impoffible de faire appui fur
le coccix. Outre qu'il eft plus ou moins
recourbé, &, par conféquent, trop
court pour fervir de troifième point
d'appui, comme le veut l'Auteur ; c'eft
un cartilage incapable de fupporter la
moindre preffion, fans occafionner une
vive douleur : à plus forte raifon, s'il
fervait de bafe à une maffe telle que
celle du corps d'un homme à cheval.
C'eft avoir de bien faibles notions fur
l'anatomie, que de s'étayer ainfi).

« Le mouvement naturel de tout
» corps qui eft mu, eft, fans contre-
» dit, de tendre à fa direction ; le

» cheval, porté en avant, donne au
» corps de l'homme un degré de faci-
» lité à fuivre fon impreffion, propor-
» tionné à la viteffe de l'animal. Et
» pour réfifter à ce mouvement invo-
» lontaire, qui lui fait porter le haut
» du corps en avant, il faut que l'appui
» fur les feffes foit bien plus folide que
» les deux autres, à raifon de la diffi-
» culté qu'il éprouve. Concluons de-là,
» que plus un cheval a de reins, & plus
» il faut travailler fes hanches, plus
» l'homme doit pofer fur fes feffes.
» Mais il ne doit pas regarder comme
» indifférente la manière dont elle porte
» deffus ; il les gliffera fous le rein &
» fous les épaules, de façon qu'il fe
» fente fur le coccix même ». (Comment l'Auteur, qui, dans le premier
Chapitre de fon Livre, annonce que
c'eft à l'aide de la Géométrie, de l'A-
natomie & de la Mécanique, qu'il éta-
blira fes principes, a-t-il pu dire que

le cheval, porté en avant, donne au corps du Cavalier un degré de facilité à suivre son impression, & que, pour résister à ce mouvement involontaire, qui lui fait porter le haut du corps en avant, il faut de l'appui sur les fesses & sur le coccix, &c. Sans qu'il soit question de Physique ni de Géométrie, l'expérience journalière aurait dû lui prouver, que, toutes les fois que son cheval se porte plus ou moins rapidement en avant, son corps s'incline en arrière, & plus ou moins aussi, suivant la souplesse des reins; non à cause de la résistance du milieu seulement, mais à raison de l'inertie d'une masse élevée sur plusieurs petits ressorts, dont le mouvement est communiqué par la base qui le reçoit. Sans avoir recours, dis-je, aux démonstrations géométriques, voyons une épreuve simple; par exemple, tenez un bâton verticalement & portez-le en équilibre sur le doigt, mettez la main en mouvement fur une ligne horifontale, le bout ou point du bâton oppofé à celui qui touche le doigt inclinera à gauche, fi la main eft mue à droite: de même, un homme debout fur un bateau qui ferait mu rapidement, pourrait tomber du côté oppofé à celui du mouvement : un Cocher, fur fon fiége, incline fon corps en avant lorfque le carroffe eft mis en mouvement pour ne pas renverfer, &c.

Voilà l'effet qu'un cheval occafionne: mais quand ce que l'Auteur dit du mouvement exifterait, je ne vois pas que ce fût une conféquence, pour conclure que plus un cheval a de reins, plus il faudrait travailler les hanches; on peut, fans injuftice, appeller cela une phrafe abfolument vuide de fens, ou une étrange difparate).

Des Cuisses.

« Ceux dont les cuisses sont plus lon-
» gues, placeront leurs genoux plus bas ;
» c'est ainsi que les cuisses, au-lieu de
» s'écarter du corps du cheval à mesure
» qu'elles s'éloignent de l'enfourchure,
» prendront, en quelque sorte, la tour-
» nure de l'animal ». (En parlant ainsi,
ne serait-on pas en droit de penser que
l'Auteur a imaginé que le fémur était
susceptible de plier & contourner sur le
corps du cheval, ou qu'il y avait à cet
os une articulation de plus que celles qui
sont connues).

De la main.

« La main peut être en même temps
» légère & assurée ; car pour être as-
» surée, il suffit qu'elle soit en garde
» contre les mouvements désordonnés
» de la tête du cheval, ce qu'elle peut

» faire sans force ». (C'est la bonne affiette qui fait la bonne main, & non lorsqu'elle est en garde contre les mouvements de la tête du cheval : car les mouvements désordonnés dont parle l'Auteur, n'ont lieu que lorsqu'un Cavalier n'a pas une affiette bien assurée). « La main doit être placée au milieu du » corps & au bout du bras ». (Je voudrais bien savoir ce que l'Auteur entend par une main qui n'est pas au bout du bras ? Mais passons tout ce qu'il dit sur les opérations de la main , le travail des rênes , les opérations simples , la direction des rênes , la distinction des rênes , opérations composées , propriétés de la rêne de dedans , de la sensation des barres , de la rêne de dehors , la nature du sentiment que doit éprouver le cheval sur ses barres , les qualités d'une bonne main ; la manière de faire concevoir au cheval les opérations les plus difficiles , pour trou

Q 6

ver enfin le réfumé du Chapitre. « La
» rêne de dedans détermine, celle de
» dehors foutient ; toutes les deux au
» même degré ont la vertu d'enlever
» le devant ; une feule fait tourner le
» cheval : voilà les régles : c'eft à la
» main à modifier fon tact & à diftri-
» buer le fentiment fuivant qu'elle veut
» opérer ». (Et voilà ce à quoi on ne
comprend rien).

Je pafferai encore fur les opérations
des jambes pour tranfcrire quelque chofe
de l'affiette où l'Auteur revient.

« Outre cette heureufe difpofition
» de toutes les parties du corps à cheval,
» il faut encore, pour être affis, que le
» point d'appui fur le coccix foit plus
» fenti que les autres ; en forte qu'il
» foit comme une bafe fur laquelle
» toute la machine foit affurée : &
» c'eft cette affurance générale de toutes
» les parties du corps qui produit l'af-
» fiette ». (Il faut que l'Auteur ait une

grande confiance à l'appui fur le coccix,
puifqu'il eft toujours dans fes principes
fon point de réunion).

Première leçon que M.... donne à
un cheval.

« Dès qu'une fois le cheval fait trot-
» ter à la longe, & qu'il le fait uni-
» ment, c'eft-à-dire, fans interrompre
» fon trot par quelque temps de galop
» ou de pas, on commence à le mon-
» ter. La première leçon doit être de
» lui apprendre à connaître la main &
» les jambes de l'homme ». (Cela eft
très vrai; mais l'Auteur aurait dû expliquer comment il fallait s'y prendre :
car ce n'eft pas fimplement en difant une
vérité qu'on fe rend utile, c'eft en mettant auffi le Lecteur à même d'en tirer
avantage, c'eft en la lui faifant fentir).

« On effaiera enfuite à le faire re-
» culer pour les deux rênes ; mais très-
» peu d'abord, en le careffant dès qu'il

» fera bien, & en prenant patience s'il
» ne veut pas obéir ». (Dans une première leçon on ne doit point reculer un
cheval , il vaut beaucoup mieux finir
à inſtruire un cheval , que de commencer par-là).

« Il n'y a point de cheval, quel-
» qu'inſenſible que ſoient les barres,
» qui, à la fin, ne ſente une main ferme
» qui réveillera ſon attention par des
» ſaccades de bridon juſqu'à ce qu'il
» obéiſſe ». (Quelqu'obſtiné que ſoit un
cheval, on ne doit jamais avoir recours
aux ſaccades , elles ne ſervent qu'à le déplacer & à fatiguer ſes jarrets. S'il veut
s'emporter, alors on doit ſcier du bridon
d'un mouvement très-prompt ſans employer de force).

En expoſant aux yeux du Lecteur
quelques erreurs qui ſe trouvent dans
la Pratique de l'Equitation , je dois
dire pour la juſtification de l'Auteur,
qu'il était fort jeune, quand il compoſa

cet ouvrage. Un jeune homme enthou-
siafmé de quelques découvertes qu'il
peut avoir faites dans un exercice auffi
féduifant que l'Equitation (fur - tout
pour un Officier de Cavalerie) eft très-
excufable de s'être laiffé entraîner par
le défir toujours louable d'en faire part
aux autres dans les vues d'accélérer les
progrès de cet art , dont on peut tirer
de grands avantages. Il a été annoncé
un fecond traité de Cavalerie par le
même Auteur où l'on affûre qu'il a
beaucoup rectifié & augmenté les principes qui font dans le premier.

Avant de finir mon Effai , je dois
auffi faire l'aveu que je n'ai pris dans
les ouvrages qui traitent de l'Equitation, qu'une partie des opinions qui
différent des miennes ; ce qui ne fe pratique pas ordinairement dans une analyfe où l'on doit expofer les bonnes &
mauvaifes chofes qui y font répandues.
Il eft vrai que je fuis juftifié par la bonne

intention qui m'a guidé, en cherchant à faire connaître les erreurs contre lesquelles les Elèves ne sont jamais assez en garde. Si mes vues sont remplies, je suis trop dédommagé des soins que j'ai pris à cet égard (1).

Je trouverais dans un autre aveu une justification plus complette, selon ma manière de juger ; c'est qu'ayant envisagé de toutes les faces & attentivement les vérités qui sont éparses dans les traités sur l'Equitation, je n'en ai trouvé qu'un très-petit nombre ; encore sont-elles ensevelies sous une infinité de fausses opinions rendues d'une manière équivoque & énigmatique pour des commençants : du moins c'est ainsi

____

(1) En lisant les Articles qui traitent de l'Équitation dans le Dictionnaire Encyclopédique de France & de celui d'Yverdun, j'ai trouvé aussi des erreurs ; mais comme les jeunes gens qui désirent s'instruire dans l'Art de dresser les chevaux ne lisent pas trop ces Livres, je n'en dirai rien.

que je l'ai vu, & chacun fait par fa
propre expérience que l'on ne peut appercevoir les chofes plus ou moins lu-
mineufes qu'à raifon des connaiffances
qu'on a acquifes. Malgré cela, diront
les perfonnes qui ignorent celles que je
puis avoir, & qui n'auront point égard
au motif qui m'a porté à écrire : d'où
fort cet Ecuyer qui par un fyftême
nouveau vient philofopher en Equitation, qui apperçoit des phénomènes
dont on n'a point d'idée, & qui croit,
en dénigrant les Auteurs qui l'ont précédé, dont les écrits diffèrent des fiens,
fe faire des partifans par fes nouveautés,
en expliquant, tranchant & décidant de
tout : un jeune homme dont on n'a point
entendu parler, qui n'a point occupé
de place dans les manéges connus, qui
ont de la réputation ; pendant que des
perfonnes auffi inftruites que modeftes
gardent le plus fcrupuleux filence fur
cet objet ? N'eft-ce pas abufer impuné-

ment de la manie du ſiècle que d'en agir ainſi (1) ?

Je réponds à cette tirade, qui ſemble judicieuſe, & qui néanmoins n'eſt que l'effet de la prévention, que je ſuis de bonne foi, parce que je n'ai écrit que ce que j'ai penſé ; qualité fort à déſirer chez tous les Auteurs qui n'écoutent le plus ſouvent que la haîne & la jalouſie, quand il s'agit de décider ſur un ſujet ? Ce n'eſt pas tout, ayant

---

(1) Ce ſont à-peu-près ces objections que l'on a faites, il y a peu de temps, à un de mes amis, dans un cercle où il faiſait obligeamment l'éloge de mon manuſcrit, dont il avait pris lecture, qui m'ont mis dans la néceſſité de parler de moi dans ce qui ſuit pour me juſtifier ; juſques là j'avais été en garde contre l'égoïſme, qui, pour l'ordinaire, ne flatte guères les autres. Mais réfléchiſſant que celui qui ne dit rien de lui n'eſt pas toujours le plus modeſte ; j'eſpère que l'on voudra bien me paſſer cette douce néceſſité que je n'avais pas prévue.

donné mes preuves, démontrées autant
bien qu'il a été en mon pouvoir de le
faire, fans prétention à la fcience, on
les pourra facilement pefer, & me juger
d'après l'examen. Au furplus, pour-
roit-on, fans injuftice, faire un crime
à quelqu'un qui a réfléchi attentivement & long-temps fur un fujet quelconque, de s'empreffer à communiquer fes découvertes auxquelles il auroit confiance, ne fût-ce que d'ingénieufes fictions ? Mais pour qu'on n'i-
magine pas que fans droit & par audace je me fois avifé de jetter des
idées neuves au hafard, je fuis obligé
de dire qu'il y a environ quinze ans
que j'exerce avec principes, non pas
comme beaucoup de jeunes gens, qui
s'imaginent qu'en travaillant dans un
manége on peut devenir favant fans
prêter attention à ce qu'on fait, ou ce
que l'on voit faire aux autres ; mais
bien ayant employé toutes mes facultés

chaque jour, avec un nouveau plaisir
& une ardeur incroyable (1). De plus,
j'ai reçu des leçons dans plusieurs
manéges par de bons Maîtres ; j'ai
vu travailler au moins deux - mille
chevaux qu'on cherchoit à dresser ;
j'ai donné leçon à un très-grand nombre

---

(1) Je pourrais dire avec fureur ; car dans les
commencements où j'ai exercé à cheval, je paſ-
ſais ſouvent des nuits ſans dormir, les jours n'é-
taient jamais venus aſſez tôt , les congés étaient
d'une longueur inſupportable, j'étais ſans ceſſe à
cheval, ſoit réellement ou d'imagination , c'était
un treſſaillement de joie lorſque j'approchais un
cheval. C'était mon élément, mon tout enfin.
Un Maître auſſi empreſſé à m'inſtruire que j'étais
alors ardent à ſaiſir tout ce qui avait rapport à
un exercice qui faiſait ma félicité, pouvait me
conduire loin en peu de temps, parce que ce n'eſt
pas ſeulement à l'aide des années que l'on devient
habile ; c'eſt encore par l'attention , l'affection,
les diſpoſitions du corps , & la continuation du
travail bien entendu , bien ſenti.

de jeunes gens pendant plufieurs années, commençant le matin & finif-
fant le foir. Pour me venger du fort,
qui me tenoit emprifonné entre les
quatre murs d'un manége, j'ai, autant
par goût que par néceffité, continuellement réfléchi fur ce que je voyois.
C'eft en combinant fur les effets que
je fuis remonté, d'une conféquence
à l'autre, aux caufes qui les produi-
faient, dont, à la vérité, je doutais
d'abord par défiance de mes faibles lumières, mais dont j'ai été convaincu
par les épreuves réiterés. C'eft enfin en
appercevant les rapports que la fcience de dreffer les chevaux m'a paru
avoir avec la Phyfique, la Méchanique
& l'Anatomie, que j'ai cru pouvoir expliquer d'une manière fenfible, ce que
les Auteurs qui m'ont précédé pour
l'équitation, ont paffé fous filence. A
l'égard de la modeftie, qui empêche
les perfonnes inftruites fur l'art de fou-

mettre, assouplir & dresser les chevaux, de faire part de leurs connaissances ; je la trouve, on ne peut pas plus déplacée & mal-entendue, & je suis le premier à me plaindre de cette prétendue qualité : si ces personnes avaient eu les vices contraires, j'aurais pu profiter des vérités qu'elles auraient dites ; parce que j'ai toujours été fort avide d'acquérir des connaissances utiles , que mal-à-propos cette modestie m'a ravies.

C'est bien plutôt, comme je l'ai ouï dire cent fois, la fausse hypothèse, que l'Equitation est une chose de sentiment que l'on ne peut pas rendre, qui a fait qu'on n'a point voulu entreprendre d'écrire , crainte de ne pouvoir le faire d'une maniere satisfaisante. Dans ce cas, c'est, à mon avis, une bien faible excuse : car je tiens pour certain que l'on peut rendre généralement tout ce qui est bien senti. Si les termes manquaient, il faut en créer plutôt que de reſter en beau chemin , & de ne pas payer le tribut qu'un membre de la ſociété lui doit, en communiquant d'heureuſes & utiles découvertes par reconnaiſſance des bienfaits qu'indiſpenſablement il reçoit journellement des autres membres qui la compoſent.

Pénétré de cette vérité morale , j'ai cherché à combattre les difficultés que doit rencontrer un Militaire en écrivant , quand il n'a été occupé qu'à des fonctions de détail qui ne lui permettent de ſe livrer que momentanément à l'étude des Lettres (1).

____

(1) Un Ecuyer en titre & en place , qui paſſe trois heures chaque ſemaine à ſon manège , qui voit renouveller , je ſuppoſe , deux fois pendant le cours de ſa vie , les chevaux qui ſont deſtinés à ſon Académie, ne pourra pas ſe perſuader qu'un Officier de Cavalerie, quand même il aurait eu de bons principes , ſoit à même de faire certains progrès : mais il ſe trompe , cet Officier aura

Si mon entreprise a quelque succès, si les moyens que j'ai employés pour démontrer mes principes, font accueillis des Amateurs, je publierai un second volume fur le phénomène du mouvement musculaire, fur le jeu que l'on peut donner, par le fecours de l'art, à toutes les parties qui compofent le cheval, fans détruire fes forces ni fa vigueur, pour donner la plus grande étendue poffible à fes mouvements de progreffion, inconnus même à Meffieurs

---

vu foixante-mille chevaux, & autant d'hommes, qui auront donné lieu à beaucoup de remarques qui s'offrent continuellement : il aura employé fept à huit heures chaque jour, foit à exercer ou à faire exercer. Par ce calcul, on voit qu'un Militaire qui prend la peine néceffaire pour approfondir, pourra en fix ans acquérir l'expérience d'un Ecuyer qui en aurait exercé foixante; mais la prévention fera contre lui & l'emportera, malgré l'évidence : on jugera infailliblement d'après elle, en faveur de l'Ecuyer en titre.

les

les Anglais qui exercent le plus dans ce genre.

Je donnerai auffi l'explication de quelques termes de l'art auxquels on n'attache, pour ainfi dire, aucune idée jufte ; tels que ceux d'action, de préci-fion, d'union, d'enfemble, &c. la ma-niere de faire exécuter des voltes, de bien mettre un cheval à tous les airs, & je parlerai de plufieurs autres parties effentielles qui n'ont point été traité.

F I N.

R

EXPLICATION

De quelques termes Anatomiques qui se trouvent dans ces Essais.

Le Bassin. C'est une grande cavité placée à la partie inférieure du bas-ventre, formée par la réunion de plusieurs os.

Cartilage, *voyez* Ligaments.

Le Coccix : petit os suspendu à l'extrémité de l'os *sacrum*, dont il peut être consideré comme une appendice. Il est formé par l'assemblage de quatre ou cinq pièces unies par des cartilages qui se soudent ensuite. Sa substance est spongieuse, revétue d'une mince lame de matière compacte. *Voyez* os *sacrum*.

Le Fémur, est l'os qui forme la cuisse. C'est le plus fort & le plus long de tous les os du corps. Sa figure

est à-peu-près cylindrique, & sa partie moyenne un peu courbée. Sa direction est un peu oblique, de manière que les deux os Fémur sont
plus écartés l'un de l'autre par en-
haut que par en-bas.

Les Iles, sont les deux régions infé-
rieures & latérales du bas-ventre,
situées au-dessus des aines.

Les Ischions. Ce sont deux os situés
à la partie postérieure & inférieure
de l'os des Iles.

Les Ligaments, sont une substance
blanchâtre, fibreuse, serrée, compacte, plus souple que le cartilage,
qui est une substance molle & moins
cassante que l'os : les ligaments sont
difficiles à rompre ou à déchirer ; ils
ne prêtent presque point, ou que
très-difficilement, quand on les tire.
Ils servent à maintenir en situation
les os articulés, & en fixant les articulations, ils affermissent aussi la

plupart des parties molles qui s'attachent à eux. On les nomme articulaires, parce que c'est par eux que les os articulés tiennent ensemble & peuvent se mouvoir.

Les Lombes, sont les deux régions latérales de l'ombilic.

Musculaire, se dit de tout ce qui concerne les muscles : or le muscle est une partie organique, composée principalement de fibres charnues, & que la nature a destinée à exécuter les mouvemens différens du corps.

Les Muscles triceps de la cuisse, sont trois muscles adducteurs de la cuisse, c'est-à-dire qui la tirent en dedans.

Os *Sacrum*, grand os triangulaire sur lequel est appuyée la colonne des vertebres.

Les Vertebres, sont vingt-quatre os, dont l'assemblage forme l'épine du dos. Sept sont nommées cervicales, parce qu'elles forment le chignon du cou, en latin *Cervix* : douze font nommées dorfales , parce qu'elles font placées tout le long du dos ; & les cinq autres s'appellent lombaires , à caufe de la région des lombes qu'elles occupent.

E R R A T A.

Page 119 , ligne 1 & 4 de la note , fuivant le, *lifez* , fuivant les.

Pag. 146, lig. 15 de la note , cinquante ; *lifez* , cent.

Ibid. lig. fuiv. trente ; *lifez* , cinquante.

Pag. 147 , lig. 14, de la note , cent ; *lifez* , cent-cinquante.

Pag. 148 , première ligne de la même note , cinquante ; *lifez* , cent.

Ibid. lig. 8 , vingt ; *lifez* , cent.

TABLE

DES MATIÈRES.

S

Fin de la Table.